Le Retour
de Madame Neandertal

Pascal Picq

Le Retour de Madame Neandertal

Comment être *sapiens* ?

Odile Jacob

15, rue Soufflot, 75005 Paris

www.odilejacob.fr

ISBN : 978-2-7381-3222-2

INTRODUCTION

Comment peut-on être *sapiens* ?

Depuis plus de 30 000 ans, depuis la disparition de la dernière Néandertalienne, la Terre est dominée par une seule espèce d'homme, *Homo sapiens*. Et, pour la première fois dans l'histoire de l'humanité, toutes les populations humaines sont en relation grâce à la toile et aux connaissances accumulées dans les nuages. Ce monde qui est le nôtre change très vite, avec des défis sociétaux, démographiques, économiques et écologiques d'une ampleur croissante. Face à ces changements à l'échelle planétaire, peut-on espérer l'émergence d'une civilisation mondiale animée d'un même dessein, accomplissant le rêve de Teilhard de Chardin, celui d'une noosphère reliant toutes les intelligences ?

Hélas, comment les *Homo sapiens* pourraient-ils s'entendre sur leur avenir alors qu'ils sont incapables de se mettre d'accord sur leurs origines ? Jamais l'expression du professeur Templemore, le personnage inventé par Vercors dans *Les Animaux dénaturés* (1952), n'a trouvé une telle résonance : « Tous nos malheurs proviennent du fait que les hommes ne savent pas ce qu'ils sont, et ne s'entendent pas sur ce qu'ils veulent être. » En effet, et malgré les avancées prodigieuses de la paléoanthropologie depuis un demi-siècle, des voix s'insurgent un peu partout contre la mise en évidence par les sciences des origines récentes et communes à toutes les populations humaines actuelles. La situation est encore plus problématique pour « notre avenir à tous » qui suscite, lui aussi, un concert de contestations, voire de dénégations, tandis que les scientifiques se voient qualifiés de prophètes de malheur. Pourtant, ils se contentent simplement de décrire les changements du monde pour que les sociétés humaines puissent s'y adapter. Contrairement à ce qui a été affirmé par des personnalités telles que Francis Fukuyama sur la fin de l'histoire et même la fin de l'homme[1], l'évolution ne s'arrête pas. « La vie a commencé avant l'homme et continuera après lui », écrit Lévi-Strauss dans *Tristes tropiques*. Aussi la question devient-elle : combien de temps notre espèce *Homo sapiens*, apparue si récemment sur la scène de l'évolution, perdurera-t-elle sur une Terre de plus en plus dévastée ? Car le scénario d'une catastrophe annoncée est parfaitement établi et s'appuie sur de solides constats[2]. Alors, comment faire entendre raison aux *Homo sapiens* ?

*

Des *Lettres persanes* de Montesquieu (1721) aux travaux de Claude Lévi-Strauss, on sait – ou l'on devrait savoir – qu'une civilisation peine à s'identifier sans être en contact avec d'autres civilisations, qu'elles soient contemporaines ou du passé. Le premier humanisme, celui de la Renaissance, est né de la redécouverte des civilisations antiques et du choc de la découverte des Amériques et des Amérindiens[3]. On pense à la rencontre entre Montaigne et les trois chefs tupinambas à Rouen, en 1562, ou à la présence de la princesse Pocahontas à la cour d'Angleterre en 1616. Reste qu'on n'a jamais donné la parole aux Amérindiens, pas plus qu'au « bon sauvage » de Jean-Jacques Rousseau. Alors on se tourne volontiers vers la science-fiction même si les visions humanistes, telle celle de Steven Spielberg dans *Rencontres du troisième type*, y sont plutôt rares. Mais, aujourd'hui, il n'est plus besoin de faire intervenir des extraterrestres. Les avancées des sciences permettent de reconstituer d'autres hommes disparus il n'y a pas si longtemps, les Néandertaliens, témoins à la fois d'une autre civilisation et de l'expansion de notre espèce sur la planète. Que pourrait nous dire ce Néandertalien ou cette Néandertalienne qui a connu une Terre peuplée de plusieurs espèces humaines en observant ce qui se passe sur cette même Terre occupée aujourd'hui par des milliards de femmes et d'hommes d'une seule espèce ?

Ce témoin anthropologue, une Néandertalienne, est déjà parmi nous. Elle n'est pas arrivée dans une soucoupe volante mais grâce à une éprouvette fécondante et une mère gestatrice. Dans quelles circonstances ?

*

Lors des XXIIe jeux Olympiques d'hiver de Sotchi qui se sont déroulés en 2014, la Russie a rappelé au monde sa glorieuse histoire. La cérémonie d'ouverture fut le point d'orgue d'une vaste opération destinée à marquer tous les esprits. Simultanément ont eu lieu d'autres événements, moins spectaculaires mais tout aussi importants, comme ces grandes conférences sur le dynamisme renouvelé des sciences russes après la chute du mur de Berlin, et tout particulièrement celui de l'anthropologie et de la biologie dans une perspective darwinienne.

Car ce qu'on appelle aujourd'hui la *médecine évolutionniste* a vu le jour dans le tout premier centre de recherche scientifique de primatologie à Sukhumi, près de Sotchi, en 1927. Les chercheurs russes ont été les premiers à comprendre que les hommes et leurs maladies ont une histoire et que, pour mieux connaître cette évolution, il fallait conduire des recherches chez les espèces les plus proches, les singes et les grands singes[4]. Ce centre est devenu un modèle imité par les Américains dans les années 1950, quand ils ont pris conscience de leur retard scientifique à la fois dans la conquête de l'espace et en matière de recherches sur les primates. Dans cette aventure, on croise des noms prestigieux comme ceux d'Ivan Pavlov et Ilia Metchnikov, les deux premiers prix Nobel de physiologie ou de médecine décernés à des Russes. Malheureusement, les purges staliniennes sont passées par là. Le centre a continué ses recherches, mais a dû fermer en 1992 par manque de moyens après l'effondrement de l'Union soviétique. Une partie des chercheurs et des singes a rejoint l'institut de Médecine et de Primatologie de Sotchi-Adler.

Les jeux Olympiques vont offrir l'opportunité de révéler au monde un programme de recherche qui plonge ses racines dans la tradition scientifique russe entretenue dans ce centre mythique, et jusque-là ignorée du grand public. Comme nous le verrons, les recherches développées à Sukhumi dépassent tous les récits de science-fiction. En cette année 2014, les chercheurs russes annoncent le clonage et la procréation médicale assistée d'une femme de Neandertal âgée aujourd'hui d'une vingtaine d'années.

Après la fermeture du centre de Sukhumi, personne n'avait fait la relation entre ces recherches oubliées et l'annonce par les anthropologues russes de la découverte du squelette d'un jeune enfant néandertalien dans le site de Mezmaiskaya en 1993, en Adyguée, pas très loin de Sotchi. De l'ADN en a été extrait et comparé à celui d'autres individus de Neandertal connus à l'Ouest. Et c'est ainsi que, dans le plus grand secret, les chercheurs russes ont mené un programme de recherche pour cloner cet ADN et, après une grossesse réussie grâce à une mère porteuse de notre espèce *Homo sapiens*, ils ont donné naissance à une femme de Neandertal : la Dame de Mezmaiskaya.

La Dame de Mezmaiskaya d'Adyguée est donc arrivée parmi nous après une longue gestation de 29 000 ans et quelques mois, grâce au mariage paléoanthropologique et fécond des vieux os et de la génétique. Dans le cadre des conférences données à Sotchi, cette jeune femme s'est présentée devant les journalistes du monde entier pour prononcer un discours sur l'état de l'humanité.

Dans ce discours, elle rend d'abord hommage aux sciences d'*Homo sapiens* et aux avancées les plus spectaculaires des sciences de la vie, de la Terre et de l'Univers, et tout particulièrement à la paléoanthropologie. Puis, dans un deuxième temps, elle livre quelques réflexions sur l'avenir de notre espèce sur une Terre de plus en plus dévastée depuis que le dernier Néandertalien a rendu l'âme du côté de corridor de la mer Noire.

Elle se demande ce que peuvent bien apporter à l'humanité de demain toutes ces sciences et ces techniques – les NBIC : nanotechnologies, biotechnologies, informatique et sciences cognitives – sans compréhension de ce qu'est l'évolution. Elle jette un regard acéré et consterné sur les débats de nos sociétés modernes autour de la famille, de la procréation, de l'éducation et de l'environnement, appauvris par un manque de culture historique et anthropologique. Elle constate, enfin, combien les archaïsmes persistent envers l'évolution alors que tout est une question de diversité pour l'innovation, les techniques, la médecine et l'avenir des sociétés humaines. Les Néandertaliens ont disparu pour ne pas l'avoir compris en leur temps. Et si, *in fine*, une partie des sciences persiste à faire de ces cousins disparus des sous-hommes, qu'en sera-t-il de l'humanité de demain et de ses promesses ? Une question d'autant plus urgente que nous nous préparons à vivre dans un monde de plus en plus peuplé de machines et de robots intelligents fabriqués par des humains. Comment les *Homo sapiens*, qui ont participé à la disparition des autres espèces humaines, dont les Néandertaliens, pourront-ils construire ce nouveau monde avec des machines aux performances supérieures[5] ?

En cette fameuse année 2014, des événements très graves menacent l'Europe sur ses marches orientales et au Proche-Orient, régions où Néandertaliens et *Sapiens* se sont fréquentés pendant des milliers d'années. Est-ce que l'histoire se répète ? Est-ce que c'est reparti comme en 14 ? Est-ce que ça recommence comme il y a 29 014 ans ? Car, à cette époque, l'Europe était néandertalienne avant que n'arrivent de nouveaux envahisseurs par l'est et à travers les plaines d'Europe centrale : les *Homo sapiens*. Alors qui mieux qu'une femme de Neandertal revenue parmi nous pourrait donner un avis sur l'état du monde ? Un regard qui, pour une fois, n'est pas jeté avec condescendance depuis notre présent sur le passé, mais venu de la préhistoire pour décrire une postmodernité encore incertaine. La modernité, ce n'est pas une question d'époque, mais de compréhension du monde pour les générations futures. Que Neandertal soit !

PREMIÈRE PARTIE

Adresse à *Homo sapiens*

de Madame Mezmaiskaya d'Adyguée, Représentante de la Russie

Conférence donnée à Sotchi
dans le cadre des événements préparatoires
à la Réunion sur la Paix et la Diversité
au Palais de l'Unesco de Paris,
dont la date devient de plus en plus incertaine.

Bonjour chers *Homo sapiens*,

Je me présente. Je suis Mme Mezmaiskaya d'Adyguée et je suis une femme de Neandertal.

Par quel miracle puis-je me retrouver devant vous ? Aucun, si ce n'est celui de l'excellence des sciences russes. Je suis le résultat d'un clonage à partir de l'ADN fossile prélevé sur un squelette d'enfant inhumé dans la grotte de Mezmaiskaya il y a 29 000 ans*. Ce site se trouve sur les rives de la rivière Sukhoi dans la petite république enclavée d'Adyguée, qui fait partie du Krai de Krasnodar, l'ancienne et mythique Circassie. Je suis donc la Dame de Mezmaiskaya, et j'ai suivi une grossesse dans le ventre d'une adorable mère porteuse *Homo sapiens*, une Cro-Magnon comme on disait du temps des derniers Néandertaliens. Tout s'est très bien passé, sauf que mes néogéniteurs ont craint une naissance prématurée. En

* Voir chapitre 1, « Glasnost sur la préhistoire russe ».

fait, ma gestation – un peu plus brève que la vôtre – a nécessité une tsarienne, version russe de la césarienne[1].

En raison de mon « âge génétique », on peut considérer que si j'avais existé en ce temps-là, j'aurais fait partie des derniers Néandertaliens qui vécurent sur cette Terre et j'aurais connu les premières populations de votre espèce venues envahir les territoires de mon peuple disparu. Mais si personne ne conteste que nos deux peuples se sont côtoyés pendant des milliers d'années au Proche-Orient, en Europe et en Asie, les études et les avis divergent sur la période de disparition des Néandertaliens[2] : certains pensent que c'était il y a 40 000 ans, d'autres vers 25 000 ans. En ce qui me concerne, je me présente devant vous avec un patrimoine génétique provenant de parents qui comptaient parmi les derniers des Néandertaliens et l'on peut penser qu'ils ont eu des relations avec les plus anciens représentants européens de votre espèce.

Revenons à ma gestation. L'idée de cloner mon ADN et de développer une PMA/GPA (procréation médicalement assistée et grossesse pour autrui) a commencé dès ma découverte en 1993, ce qui veut dire que j'ai 21 ans, la fleur de l'âge. Je concède que je fais un peu plus âgée selon vos standards car les grandes périodes de la vie – gestation, sevrage, adolescence – sont, en moyenne, un peu plus courtes chez nous, les Néandertaliens. En fait, c'est chez vous que toutes ces périodes paraissent plus longues en comparaison des autres espèces de grands singes et d'hommes. Vos anthropologues parlent de néoténie, ce qui signifie que vous conserveriez à l'âge adulte des caractères juvéniles de vos ancêtres qui, au passage, étaient aussi ceux des Néandertaliens. Car nous partageons ce même dernier ancêtre commun exclusif, appelé *Homo hedeilbergensis,* à partir duquel nos lignées respectives et sœurs ont divergé il y a 500 0000 ans (*cf.* figure p. 122). Franchement, maintenant que je vous connais, et comme l'atteste la suite de cette conférence, vous demeurez parfois de grands enfants de l'évolution.

Dès la découverte de mon ADN, les scientifiques russes ont nourri le projet de me faire renaître. Mais ils étaient loin d'imaginer les polémiques qui, vingt ans plus tard, et alors que j'atteindrai ma maturité, allaient enflammer les débats autour de tout ce qui touche aux techniques de procréation médicalement assistée (PMA). Cette affaire de PMA pour Néandertaliens a déjà fait grand bruit dans vos médias quand George Church, professeur de génétique à Harvard, a évoqué cette possibilité au début de l'année 2013[3]. Et, depuis, les controverses, parfois violentes, n'ont pas cessé de s'amplifier, non pas seulement à propos d'une éventuelle reconstitution d'une femme ou d'un homme de Neandertal, mais plus généralement pour les sociétés occidentales confrontées à l'évolution de la famille et de leurs démographies vieillissantes.

Le Parc moustérien (refaire un monde perdu)

De fait, je ne peux pas dire que je me présente au meilleur moment. Le professeur Church ignorait que ses collègues russes œuvraient à ma remise au monde, en inventant une PMA d'un autre genre : *prehistoric maternal anthropogenesis*. Tout comme il ignorait que ce projet s'inscrivait dans un programme de recherche plus vaste appelé le Parc moustérien, qui consiste ni plus ni moins à reconstituer l'environnement des Néandertaliens à une période de la préhistoire appelée le Paléolithique moyen ; autrement dit, l'âge moyen de la pierre taillée dont l'un des plus grands complexes techniques et culturels se nomme le Moustérien. Celui-ci se retrouve partout en Europe et en Asie, à l'exception du Proche-Orient, mon peuple ayant semé ses silex de l'Atlantique jusqu'aux confins de la Sibérie[4].

À cette époque, les vastes régions s'étendant de l'Europe par-delà l'Oural étaient peuplées par les Néandertaliens que vos paléoanthropologues divisent en trois groupes : ceux d'Europe continentale considérés comme les plus caractéristiques, ou Néandertaliens classiques ; ceux du sud de l'Europe dits des pays du Club Med aux traits moins prononcés et ceux se répartissant de l'Ukraine aux confins de la Sibérie, groupe auquel j'appartiens (voir p. 123). Les peuples néandertaliens orientaux ont peu intéressé les paléoanthropologues occidentaux avant la difficile renaissance des sciences préhistoriques russes depuis la chute de l'Union soviétique. Et la redécouverte de ces Néandertaliens de l'Est apporte un autre regard sur ce qu'a été le succès de mon espèce trop longtemps confinée à une Europe aux frontières toujours aussi incertaines. Est-ce que ma conception annonce un changement du monde ? Cette question est au cœur de ce discours adressé à vous, *Homo sapiens*.

Mes concepteurs adoptifs n'ont donc pas oublié de penser à mon développement, espérant mettre en place tous les facteurs, à la fois génétiques et environnementaux, propices à l'expression de ma « néandertalitude ». Personne dans la communauté scientifique internationale n'avait compris ce qu'annonçait vraiment la résurrection d'une fleur de silène, proche de *Silene stenophyla*, dont les graines avaient été conservées pendant 32 000 ans, enfouies à plus de 30 mètres dans le pergélisol sibérien[5]. Plus récemment encore, une équipe française a révélé au monde la découverte du plus gros virus connu, *Pithovirus sibericum* (si pour les Américains « *Big is beautiful* », en Russie « *Big is Russian*[6] »). Il avait été extrait d'un bloc de permafrost prélevé en Sibérie et confié à une équipe scientifique française par l'Académie des sciences de Russie (pas fous, mes amis russes !). Il ne reste plus qu'à cloner le mammouth, de Jarkov ou d'ailleurs, qui aura la chance d'arriver dans un jardin avec ses fleurs, ses agents pathogènes et même son chien moustérien, puisqu'une lignée de chiens issue des loups et aujourd'hui disparue vivait à nos côtés[7].

À ce propos, je constate que la passion pour les mammouths perdure depuis les temps préhistoriques. D'ailleurs, la paléontologie commence de façon magistrale avec le grand Georges Cuvier qui reconnaît un éléphant fossile d'après le squelette offert au Muséum national d'Histoire naturelle de Paris par le tsar de la Russie éternelle à la fin du XVIIIe siècle. Il en va de même pour la préhistoire au milieu du XIXe siècle, quand Jacques Boucher de Perthes met en évidence des outils de pierre taillée aux côtés d'ossements de mammouth. Une différence toutefois : si les Néandertaliens se nourrissaient de mammouth avec passion, pour vous, c'est le mammouth qui nourrit vos passions.

Depuis le « dégel » de la Russie à la fin du XXe siècle, on retrouve de plus en plus de squelettes et même d'éléments corporels remarquablement conservés dans les sols gelés de Sibérie, comme le sang encore liquide de celui – ou plutôt de celle, car il s'agit d'une femelle morte il y a plus de 10 000 ans – de l'île de Maly Liakhovski, dégagé par une équipe internationale dirigée par le professeur Semen Gregoriev de l'Université fédérale du Nord-Est de Iakoutsk. Alors les commentaires font le tour du monde avec l'inévitable question du clonage. Les scientifiques rassurent les publics inquiets de ces avancées démiurgiques des sciences, affirmant que le clonage d'un animal aussi complexe ne pourrait pas se faire avant au moins un demi-siècle. Mais, rappelez-vous, il n'y a encore pas si longtemps, on a dit la même chose pour le séquençage du génome humain et qu'il ne fallait pas espérer avoir un jour de l'ADN de Neandertal. Et comme vous et moi sommes génétiquement plus proches qu'un mammouth et un éléphant d'aujourd'hui... Me voici donc devant vous comme l'ambassadrice du Parc moustérien ou, si l'on préfère, du *Neandertalistan.*

Il me faut ici exprimer ma reconnaissance à mes parents anthropologues russes qui ont fait de moi la femme d'aujourd'hui que j'aurais pu être de mon temps, mais tout de même différente car, que l'on ait des gènes de Néandertalien ou de *Sapiens*, le milieu social et physique nous façonne en partie. En effet, et heureusement pour moi, mes concepteurs ont finalement renoncé à m'éduquer dans cette sorte de « zoo moustérien » et ils ont pris l'heureuse décision de m'élever dans le monde si récent du XXIe siècle.

Reprenons : je ne suis pas issue d'un processus de décongélation, contrairement au mammouth de Jarkov ou à votre célèbre Hibernatus, cet homme du Néolithique surnommé Ötzi sorti des glaciers du Tyrol[8]. D'ailleurs, on attend toujours de retrouver un de mes congénères néandertaliens pris dans la glace... Et, pas plus que je ne suis madame Hibernatus, je ne suis la dernière des Néandertaliennes, ultime survivante d'une vallée perdue du Caucase soudainement réinvestie à l'occasion des travaux titanesques du site olympique de Sotchi. Nous autres Néandertaliens avons disparu corps et âme il y a plus de 25 000 ans, non sans vous laisser quelques souvenirs génétiques. Pour votre information, votre ADN et le mien sont identiques à 98,7 %. Cette ressemblance se situe entre 94 % et 98,7 % entre vous/nous et les chimpanzés, des pourcentages qui dépendent des systèmes génétiques comparés*. Tout cela est de mieux en mieux connu, ce qui n'empêche pas quelques anthropologues de votre temps de se lancer à la recherche de l'almasty, une sorte de grand singe des bois rôdant dans le Caucase qu'ils n'hésitent pas à confondre avec un éventuel Néandertalien**...

Ainsi, je suis le fruit du mariage fécond de la paléoanthropologie, de la paléogénétique et des sciences modernes de la procréation. Donc génétiquement néandertalienne et, comme j'espère vous en donner la démonstration dans la suite de cette conférence, bien plus sapienne que vous ne l'imaginez.

Comment j'ai appris votre monde (Tolstoï et la pédagogie)

Commençons par l'éducation. Comme vous pouvez le constater, je me porte très bien. Ayant un cerveau plus volumineux que le vôtre, j'apprends vite et j'adore naviguer sur tous vos réseaux. C'est incroyable de parcourir le monde à coups de pouce : un monde de « petites poucettes », selon la belle expression du philosophe Michel Serres[9]. Et je me retrouve telle une Alice néandertalienne de l'autre côté de vos écrans.

---

* Voir chapitre 2, « Le Neandertal Genome Project ».

** Voir chapitre 5, « Neandertal, les Aryens et les Almas ».

Si je peux m'adresser à vous aujourd'hui, c'est grâce à un programme éducatif intelligent qui m'a permis d'acquérir les connaissances utiles pour comprendre votre monde en toute liberté pédagogique. Première évidence : comme tout *Homo sapiens* vivant sur cette Terre, je suis capable d'assimiler n'importe quelle langue, et cela sans accent, et n'importe quelle culture si je bénéficie d'un environnement propice*. En parcourant sur Internet ce qui s'est écrit sur les hommes préhistoriques en général et les hommes de Neandertal en particulier, quelle n'a pas été ma consternation en lisant des affirmations du genre : « Nous, les hommes modernes, sommes forcément plus intelligents que les hommes de Cro-Magnon. » Ou : « Nous sommes plus intelligents parce qu'on a construit les cathédrales ou les ordinateurs. » Les auteurs de ces propos se glorifient à bon compte puisqu'ils ne savent pas confectionner une pierre de taille et encore moins programmer… Contrairement aux Néandertaliens, qui avaient inventé une technique de taille dite « Levallois », qui leur permettait de préfigurer la forme de l'outil désiré dans la masse et de le dégager d'un coup habile, puis de le perfectionner à l'aide de retouches précises.

De mon temps, des artistes peignaient la grotte Chauvet qui se compare avantageusement à toutes les œuvres artistiques de vos civilisations. Franchement, je regrette de ne pas pouvoir retourner à mon époque pour lire à mes congénères « préhistoriques » les notices

* Voir chapitre 2, « Le Neandertal Genome Project ».

d'utilisation de vos merveilleux appareils. Petit florilège : « Ne pas faire sécher votre chien dans un four à micro-ondes », « La flamme de ce briquet peut allumer un incendie » ou « Ne pas vérifier le niveau du carburant avec une allumette », « Ne pas utiliser ce fer à repasser sur les vêtements que vous portez », « Ces guirlandes de Noël doivent être utilisées exclusivement à l'intérieur ou à l'extérieur », « Ne pas utiliser ce sèche-cheveux pendant votre sommeil » (et dans les baignoires ?), « Ne pas retourner ce pot de crème à dessert » (mentionné sous le pot), « Ne pas démonter la lame de la tondeuse lorsqu'elle est en marche ». Et mon favori : « Ne pas tenter d'arrêter la chaîne de cette tronçonneuse avec vos mains ou vos parties génitales[10]. » Quelle évolution !

C'est fou, tout ce qu'on peut trouver sur vos réseaux : à la fois le meilleur et le pire ! Ces merveilleuses technologies confirment cet adage valable pour toutes les époques : le progrès, c'est bien plus que l'outil. Voyez-vous, ce qui fait une société, sa culture et son génie – que ce soit pour comprendre les sociétés du passé ou les vôtres –, ce ne sont pas les objets techniques, mais leurs usages matériels, sociaux et symboliques. L'outil en soi n'est rien. Même si l'école de préhistoire russe s'appuie sur une conception marxiste du rapport de l'homme à ses moyens de production*, ce qui fait progrès, en définitive, c'est tout ce qui différencie l'invention de l'innovation, et ce que cela apporte aux sociétés humaines en

* Voir chapitre 1, « Glasnost sur la préhistoire russe ».

termes de connaissances, de bien-être, de relations avec les autres, d'empathie…

Bien sûr, vous vous demandez comment une personne venue dans votre monde par PMA pourrait maîtriser aussi rapidement l'histoire de l'humanité. C'est un peu comme dans le film *Le Cinquième Élément*, que j'apprécie énormément pour des raisons évidentes, où l'héroïne Leeloo, jouée par l'actrice d'origine ukrainienne Milla Jovovich – elle est pourvue d'une magnifique chevelure rousse, comme toute femme néandertalienne qui se respecte, et vêtue d'un étrange costume orange assez évolutionnaire –, revient à la vie et apprend toute l'histoire humaine grâce à un procédé que je qualifierais de *cognitivo-wiki-synaptique*. Un curieux néologisme pour une idée géniale ! Sauf qu'il faut du temps pour accumuler une telle somme de connaissances. Il faut aussi pouvoir échanger avec les autres. La taille de mon cerveau et mon caractère aimable ont fait le reste car, pour apprendre, il faut de l'empathie et du respect envers ses maîtres et les autres.

Héritière de Tolstoï

Je vous rassure, je ne suis pas une sorte de cobaye pédagogique. Mes concepteurs m'ont tout simplement éduquée selon les principes de Léon Tolstoï[11]. Le grand écrivain avait créé en 1859 une école innovante dans son domaine d'Iasnaïa Poliana – en français, « la Clairière des hêtres » –, que j'ai eu l'opportunité de visiter dans le cadre de mon programme éducatif. Tolstoï voulait instruire les enfants des moujiks. Ces derniers venaient d'être affranchis du servage par décision du tsar Alexandre II et ils se trouvaient désemparés devant ce monde nouveau qui s'ouvrait à eux. Alors… « Quoi enseigner et comment ? » Tolstoï s'intéressait déjà à l'éducation et fit un voyage d'études, notamment en France. En effet, nos systèmes modernes d'éducation reposent – en principe – sur les travaux de Condorcet qui, malheureusement, n'a pas pu les mettre en application. Ce dernier distingue clairement l'éducation – relevant du domaine de la famille, des groupes sociaux, des religions, etc. – de l'instruction, dont la mission est d'apporter les connaissances nécessaires pour vivre dans une société laïque. Il se demande comment instruire des enfants issus de milieux sociaux, culturels et confessionnels différents sans que l'école ne glisse vers d'autres systèmes doctrinaires, les sciences et l'idée de progrès étant au cœur de ce projet. Magnifique ! Mais je me suis aperçue que, depuis Condorcet – et lui-même en fit l'amère expérience –, l'école ne cesse d'être confrontée à ce problème avec, à mon grand étonnement, un retour virulent des ingérences religieuses dans le domaine des sciences et tout particulièrement à propos des théories de l'évolution[12]. La France reste un des grands pays qui résistent le mieux à ces réactions confessionnelles et antilaïques.

En France, Tolstoï s'étonne d'un enseignement qu'il juge trop théorique avec des enfants apprenant des calculs compliqués sans en voir le sens ou tout simplement l'utilité. En revanche, il s'émerveille des connaissances des petits Français en littérature et de leur goût pour des œuvres comme celle d'Alexandre Dumas. Il en conclut qu'une part importante de l'éducation se fait plus dans les revues et les musées et fustige « l'étude par l'obéissance, l'étude par l'amour-propre, l'étude par l'ambition et l'étude par les avantages personnels ».

Tolstoï s'inspire ici des grands principes philosophiques sur l'éducation hérités de Montaigne et de Rousseau tout en appliquant ceux de Condorcet[13]. Il plaide pour la liberté de l'enfant (merci à Rousseau), mais insiste sur le rôle nécessaire du maître (n'en déplaise à Rousseau qui, comme chacun sait, s'est défilé sur ce point). L'expérience ne plaît guère aux autorités et l'école d'Iasnaïa Poliana est ravagée par la police du tsar en 1862.

Au cours du XXe siècle, tous les grands pédagogues hostiles aux méthodes de conditionnement éducatif fondées sur la récompense et la punition se réfèrent à Tolstoï. J'ai hérité de lui ce bel esprit éducatif, en accord total avec cette situation inouïe depuis les premiers hommes : un accès sans limite à toutes les connaissances grâce à Internet. Après une excellente instruction – car il faut un minimum de bagage pour naviguer sur la toile –, j'ai bénéficié des orientations et des conseils de mes maîtres qui m'ont laissé le choix des méthodes pédagogiques. En effet, selon le précepte de Tolstoï, il n'existe pas de méthode absolue : pour lui, le cœur de la pédagogie est justement la liberté de la pédagogie. Toute forme de dogmatisme en la matière est ahurissante et votre merveilleux Albert Einstein – dont le parcours académique n'avait rien d'académique – avait raison de dénoncer les objectifs dogmatiques de l'instruction quand il disait : « Tout le monde est un génie ; mais si vous jugez un poisson sur ses capacités à grimper à un arbre, il passera sa vie à croire qu'il est stupide. » Ce qui nous conduit à une autre citation, prêtée au systémicien Paul Watzlawick celle-là : « Quand on n'a qu'un marteau, tous les problèmes deviennent des clous. » En d'autres termes, la pédagogie, cela ne consiste pas à faire entrer les connaissances dans le crâne à coups de méthode.

Comme Tolstoï, je me suis intéressée à ce qui se passe en France car j'y suis invitée à prononcer cette conférence au siège de l'Unesco, à Paris. Je rappelle que l'Unesco est un organisme qui milite pour l'éducation, les sciences et la culture de tous les humains et la paix dans un esprit digne de Condorcet… ce qui me concerne tout personnellement.

Éduquer ou domestiquer ?

Actuellement, le système éducatif français me rappelle notre grand chaman qui arrivait drapé dans son autorité prétentieuse et qui disait à chacun d'un ton grave et entendu : « Toi, tu seras un grand guerrier ; toi, tu seras un grand chaman[14]. » Évidemment, à partir de ce moment-là, le grand chaman et la société unissaient toutes leurs forces pour que ces prophéties se réalisent.

On retrouve ce type de prophéties avec le classement des grands lycées parisiens : la sélection sociale qu'il implique ne cesse d'être dénoncée, pourtant tous les parents aspirent à y mettre leurs rejetons[15]. Même constat avec la carte scolaire et les conseillers d'orientation, qui ne sont rien d'autre que des machines à trier sur profil sociologique. J'ai découvert qu'un certain Pierre Bourdieu avait bien décrit ce système tribal archaïque, mais il semblerait que les autres grands chamans l'ont voué aux mauvais esprits.

Tout de même, il y a certaines choses que j'ai du mal à comprendre comme ces histoires de limite d'âge. Si untel ou unetelle a agi de telle façon à tel âge, toute sa vie en serait déterminée ? Il ne faudrait pas confondre rituel de passage et exclusion par le diplôme ! Autre point : si un enfant ne correspond pas au schéma cosmique ontogénétique forgé par les chamans de la secte psycho-pédago-éducative, ou c'est un génie ou c'est un sous-doué… Du coup, la France a le plus grand nombre de surdoués et de redoublants. Cela s'appelle de l'archaïsme et les sciences cognitives semblent se heurter à un abîme de convictions digne des caricatures les plus sordides de la préhistoire. Ainsi, la secte en question persiste à maintenir l'enseignement de la lecture par la méthode dite « globale » alors que les sciences cognitives ont invalidé sa pertinence pédagogique[16]. Comment un système éducatif peut-il produire autant d'exclusions pour ses enfants et ses ancêtres ?

Malgré tout, j'ai remarqué que le système pouvait avoir une certaine souplesse. Dans les quartiers dits favorisés, les élèves qui redoublent prennent leur temps pour « mûrir » et disposent des meilleurs chamans. En revanche, de l'autre côté d'un mur d'exclusion appelé périphérique, si les élèves dans cette situation défavorable et d'une autre culture ne sont pas au niveau malgré les efforts des jeunes chamans inexpérimentés qui font de leur mieux, on les « oriente ». Comme je ne possède pas une exacte maîtrise de ces concepts, je me demande : s'agit-il d'intégration ou d'acclimatation ? Je penche volontiers pour la désintégration.

Votre monde me semble si familier… Surtout quand vous parlez d'« éduquer ces chères têtes blondes ». Attention ! Je ne dis pas cela parce que les meilleurs systèmes éducatifs se trouvent dans les pays du nord de l'Europe, mais tout simplement parce qu'ils refusent ces modes d'exclusion basés sur des considérations idéologiques qui font de la culture un mécanisme de reproduction sociale pour celles et ceux décrits comme les « héritiers[17] ». L'héritage d'ailleurs peut tout aussi bien se trouver du côté des gènes que de la culture. Imaginez un instant que je dise que les élèves du nord de l'Europe sont plus performants parce qu'ils ont plus de gènes de Neandertal et de plus gros cerveaux. Vos élites crieraient au scandale, au déterminisme et à l'injustice des gènes au nom de la liberté de l'éducation et de la culture pour tous. Et ce, alors même qu'ils font de leur culture un système d'exclusion… Ce n'est pas la faute à Bourdieu… même si Mérieux fait de son mieux !

Vous appelez cela les « sciences de l'éducation ». Mais une science qui n'accueille pas les différences biologiques, ontologiques, sociales et culturelles n'est pas une science de la vie et encore moins de l'apprentissage de la vie. Alors, il y a une solution : la pédagogie. C'est étonnant, cette manie de changer les outils mais pas le système ! Un exemple : j'ai appris que des chamans pédagogues préconisaient de ne pas appeler les choses par leur nom et dissociaient les mots et les choses. Ainsi, un ballon se désigne comme un « référentiel bondissant » ! Je me vois dire à mes compagnons de mon temps : « Allons taquiner le bovidé paissant », au lieu de : « Partons à la chasse au bison. » Ou : « Cher ami, sans vouloir vous contrarier, j'attire votre attention sur le félin à longues dents caniniformes [lion des cavernes] bondissant sur vous, et sans permission, depuis l'élévation pierreuse [un rocher] derrière vous. » Si vos ancêtres Cro-Magnon s'étaient comportés ainsi, nul doute que la Terre serait aujourd'hui néandertalienne.

Prenons un autre exemple, aussi pédagogique que paléoanthropologique, avec l'expression « l'homme descend du singe ». La France est un pays très cartésien qui entretient un dualisme forcené entre nature et culture, inné et acquis, ou encore animal et homme. En fait, qu'importent le singe ou l'animal qui se confondent dans une catégorie ontologique jamais définie par des chamans appelés philosophes[18]. D'ailleurs, les seuls habilités à parler des animaux dans les colloques et dans les médias sont des philosophes qui n'ont jamais étudié les animaux et qui ne citent que des philosophes qui eux-mêmes en appellent à d'autres philosophes encore plus anciens. En termes préhistoriques, c'est l'histoire d'un homme qui a vu un ours, qui lui-même a rencontré un homme qui a vu un ours… Oui, mais ces philosophes dualistes n'ont jamais vu de singe. Et c'est ainsi qu'une tradition philosophique ne cesse de mépriser les autres êtres vivants en les jaugeant à l'aulne de ce qu'est son idée de l'homme, à l'instar du poisson qui devrait monter dans un arbre (de tels poissons existent, mais je ne veux pas compliquer le sujet). Voilà comment se perpétue un monde particulier appelé l'*université* avec ses rituels de passage comme la thèse. C'est vieux comme les hommes et leurs systèmes de croyances[19]. Au risque de bousculer certaines idées enseignées dans la plupart des universités, il semble que certains aspects des cultures évoluent moins vite que les gènes. N'en suis-je pas la preuve vivante ?

Évolution et éducation

Heureusement, d'autres philosophes comme Peter Sloterjik reprennent cette question fondamentale de la construction de l'humain en s'appuyant sur l'expérience de l'évolution humaine, la paléoanthropologie donc. Sloterjik décrit cette tendance à l'enfermement ontologique des êtres dans des conceptions du monde de plus en plus éloignées de la nature. Il parle de « règles pour le parc humain » et de « domestication de l'être[20] ».

On ne peut être plus explicite. Il reprend la métaphore de la clairière du philosophe Martin Heidegger pour qui l'homme s'est affranchi du monde animal, la forêt étant le monde obscur des singes et des instincts, celui de la savane étant celui de la lumière et de la liberté. Cette métaphore puissante réactive un mythe profond de la culture occidentale qui se retrouve dans tous les grands récits, même scientifiques, comme en paléoanthropologie. Et ce terme de « domestication » prend un sens encore plus lourd alors que, dans le monde de plus en plus urbanisé qui est le vôtre, les jeunes enfants se trouvent enfermés dès les premiers mois dans les rets de la société tandis que les plus grands génies de votre espèce, à l'instar de Montaigne et de Rousseau, couraient par monts, bois, rivières et vallées.

Cependant, et contrairement à la tradition de la métaphysique occidentale dont Heidegger représente une sorte d'aboutissement, Sloterjik s'appuie sur les connaissances de la paléoanthropologie et de l'éthologie. En effet, depuis plus de 2 millions d'années, les hommes se sont progressivement affranchis du monde des arbres et ont édifié leur propre niche écologique en développant des caractères légués par leurs ancêtres comme la marche debout et la dextérité ainsi qu'un cerveau de plus en plus volumineux[21]. Ces nouveaux moyens d'agir sur leur environnement s'accompagnent de nouvelles représentations symboliques avec la construction de cosmogonies et de mythes, créant une médiation sémantique et rationalisée servie par le langage et l'esthétique[22]. Les hommes – et pas uniquement votre espèce *Homo sapiens* – deviennent des « constructeurs de mondes » selon l'expression de l'éthologue Jacob von Uexküll[23] et acquièrent une caractéristique particulière, celle d'apprendre tout au long des âges de la vie, ce que beaucoup d'auteurs appellent, de façon inappropriée, la néoténie.

Ce terme revient périodiquement chez les paléoanthropologues, trop souvent de façon imprécise, et intéresse beaucoup les philosophes qui, évidemment, maîtrisent encore moins ce concept. Sans entrer dans les détails, la néoténie au sens large suppose que certains caractères que l'on retrouve chez les individus adultes d'une espèce sont identiques à ceux que possédaient des individus non adultes de l'espèce ancestrale. Par exemple, la rondeur de votre boîte crânienne, votre front redressé et votre face courte seraient des caractères néoténiques puisqu'ils sont caractéristiques des jeunes individus. Mais ce ne sont là que des ressemblances superficielles qui dissimulent des processus évolutifs plus complexes[24]. Il n'en reste pas moins que votre espèce se distingue par une morphologie plus juvénile comparée à la mienne et à notre ancêtre commun, *Homo heidelbergensis*, et que les périodes de votre ontogenèse ou périodes de la vie (sevrage, maturité sexuelle, âge adulte) sont plus longues.

Donc l'homme serait une espèce capable d'apprendre toute sa vie et qui façonne sa propre niche écologique. À leur manière, Rousseau avec l'homme perfectible tout comme Condorcet avec l'instruction avaient perçu cela. Aujourd'hui, et contrairement au saut ontologique de l'arbre à la clairière effectué par la philosophie anthropocentrique et dualiste, il faut comprendre avec Sloterjik que l'homme n'arrive pas au monde sans contraintes biologiques (son évolution) ni culturelles (ses mythes et ses croyances), mais qu'il est un être en constante construction en raison des changements de la nature et de ceux qu'il impose à ses propres mondes, notamment par ses technologies et tout particulièrement les nouvelles technologies de l'information et de la communication qui ouvrent déjà un nouveau chapitre de l'évolution humaine. Voyez comment la paléoanthropologie et l'éthologie se montrent utiles à l'éducation et à la construction de l'humanité de demain ou comment – pour filer la métaphore –, on passe de la « Clairière des êtres » à la « Clairière des hêtres[25] ».

Alors pourquoi voit-on en France se perpétuer l'enseignement d'une philosophie désuète, ancrée dans un dualisme invalidé par les sciences cognitives, de l'évolution et du comportement ? Toute une partie de cette philosophie anthropocentrique et des sciences humaines se drape dans une « immunité épistémique » qui nie les avancées des sciences et se réfugie dans la métaphysique[26]. Évidemment, tous les philosophes ne se complaisent pas dans cet enfermement ontologique car ils sont ouverts aux changements du monde dus à la fois à la nature et aux représentations créées par les hommes[27]. Tous les peuples ont leurs ontologies, dont les origines remontent à la préhistoire[28]. D'ailleurs, toutes ces ontologies et les récits des origines associés – les cosmogonies – connaissent aussi une évolution, avec toutes sortes d'emprunts, de modifications et de « bricolages » selon Claude Lévi-Strauss[29]. C'est également en ce sens qu'*Homo sapiens* se montre cognitivement très « néoténique », autrement dit enfantin et immature, en s'accrochant à des croyances par-delà les états du monde, que ce soit le père Noël, le père des peuples, le père divin, le père la loi… Le grand chaman Edgar Morin évoque ce penchant lourd comme l'insoutenable pesanteur de l'être à glisser vers *Homo demens*[30].

J'espère que vous me pardonnerez ce petit moment d'humeur. Mais à cause de telles conceptions anthropocentriques, nous les Néandertaliens avons été rejetés dans les oubliettes de l'humanisme parmi les singes et d'autres. Et, là aussi, c'est une question de compréhension des relations de parenté bien comprises, non plus entre individus cette fois, mais entre espèces. Les hommes, ce qui inclut mon espèce et d'autres encore mal connues des paléoanthropologues, ont besoin d'ontologies pour construire une rationalité discursive avec le monde ; mais pas pour exclure le reste du monde[31]. Les enjeux de l'enseignement pour demain n'ont pas fondamentalement changé depuis Condorcet : il s'agit de savoir comment éduquer et instruire en considérant les diversités culturelles à l'échelle de la planète. Le système éducatif français va de mal en pis : cela se voit bien avec le classement PISA, faisant pencher de plus en plus la France vers le bas dans les comparaisons internationales. Une vérité qui ne vaut pas pour ses élites comme l'illustre le nombre de médailles Fields remportées par des mathématiciens français alors que la France se situe au 25e rang pour la maîtrise des mathématiques[32]. Pourtant, la culture française se dit universelle, affirmation récusée par la Convention sur la diversité culturelle de l'Unesco de 2005[33]. Comme tous les Russes, j'adore la France, qui reste un grand pays d'humanisme et de préhistoire. Mais, en s'enfermant dans son exception dualiste et élitiste, elle se précipite vers un destin néandertalien.

Hélas, rien n'a changé depuis mon époque tant qu'il s'agit de maintenir un système social et des privilèges. La preuve : les réformes des programmes qui ont failli supprimer les sciences de l'observation et de l'expérimentation, bien que les jeunes s'y montrent particulièrement aptes et passionnés[34]. Il est vrai que si des jeunes se mettent à réfléchir par eux-mêmes à partir de faits universels et vérifiables, les prêchi-prêcha théologico-philosophiques ne vont pas faire long feu… Alors que vous avez la chance de disposer de moyens fabuleux pour l'accès aux connaissances comme jamais dans l'histoire de l'humanité – et j'en suis le témoin sagace –, vos projets éducatifs proposent de revenir aux fondamentaux, ce qui est nécessaire, mais pas en remettant à plus tard l'enseignement des nouvelles technologies et tout ce qui touche au « code » pour maîtriser le monde d'Internet et des nuages (*cloud*)[35] ! Au moment où les nouveaux modes d'enseignement se développent très vite sur les réseaux avec les FLOT (« formation en ligne ouverte à tous », l'équivalent des MOOC anglo-saxons pour *massive open online courses*), rien de mieux pour couler encore plus sûrement dans les classements internationaux. Le temps des enseignants qui sélectionnent les élèves à l'aune de leurs savoirs dépassés est fini. Bienvenue aux « maîtres » capables de guider les élèves ou les apprenants sur les chemins des connaissances qu'ils ne connaissent pas eux-mêmes. Nous entrons dans l'ère de la néoténie et de la noosphère.

Heureusement, l'Unesco organise de grandes réunions sur ces questions[36]. Les systèmes éducatifs nationaux se montrent trop préoccupés des statuts corporatistes des enseignants et ils seraient bien avisés de penser aux élèves du monde de demain. À l'heure de la « Petite Poucette », je suis consternée de voir ces jeunes enfants portant sur leur dos des sacs alourdis de livres obsolètes, tout simplement parce que leurs enseignants se sentent dépassés par leurs aptitudes à naviguer avec aisance sur les réseaux et que quelques maisons d'édition en ont fait leur rente. On tasse leurs colonnes vertébrales au lieu de développer leurs têtes et on leur fait ânonner des savoirs dépassés plutôt que de stimuler leur autonomie et leur adaptabilité dans un monde qui change vite, très vite !

Tous les programmes semblent élaborés pour leur éviter de penser par eux-mêmes avec la réduction, comme peau de chagrin, des heures d'enseignement des sciences de l'observation et de l'expérimentation, et un déficit effarant pour les sciences de la vie et de l'évolution. Les *sciences créationnistes* et les *humanités archaïques* s'épaulent efficacement pour maintenir la « domestication des êtres[37] ». Les vieilles barbes théologiques, philosophiques et pédagogiques qui œuvrent à contrôler les esprits n'aiment pas la liberté cognitive de la jeunesse. De mon temps, on appelait cela l'ENA : *École néandertalienne archaïque*. Vous seriez bien avisés de vous inspirer de vos grands chamans Edgar Morin et Michel Serres qui ont donné de magnifiques conférences sur ces questions à l'Unesco au début de votre petit IIIe millénaire. Pour ma part, j'y suis d'autant plus sensible qu'ils fondent leur réflexion en partie sur l'anthropologie et l'évolution[38].

Quant aux pays que les Occidentaux persistent à appeler « sous-développés » ou « émergents », ils mettent déjà en œuvre ces nouvelles pédagogies basées sur les NTIC (nouvelles technologies de l'information et de la communication) et leurs outils ; et ils vont vite grimper dans les classements PISA… comme les Indiens et les Africains. Je suis vraiment impatiente de me retrouver à l'Unesco dont le premier secrétaire général, Julian Huxley, était un grand évolutionniste, et dont le grand-père, l'immense Thomas, avait réformé le système scolaire anglais. Mais il semble que l'évolution des mentalités soit plus lente que celle des espèces…

Nos histoires de famille (des gènes et des parentés)

Tout comme vous, et même plus que vous, je suis intriguée par ces questions d'origines et de PMA ; mais pas pour les mêmes raisons. Je découvre qu'en France, pays des « droits de l'homme », il y a des contestations de plus en plus réactionnaires sur la possibilité d'avoir des enfants ou pas[39] et même des manifestations virulentes contre ce qu'on appelle le « mariage pour tous ». Je m'étonne que l'on puisse décider pour les autres de ce que doit être une famille, car qui est-on sûr d'aimer avant de l'avoir rencontré(e) ?

À quoi ressemblait la famille pendant la préhistoire ? Il y a des esprits savants qui affirment que, du temps de Cro-Magnon, elle se composait d'une maman, d'un papa et de leurs enfants... Et chacune dans sa petite grotte, avec ses mammouths-nains de jardin, son paléocaniche et ses parterres de silènes, tant qu'on y est ! Plus sérieusement, les données de la génétique tirées d'une « famille néandertalienne » d'El Sidrón, dans le nord de l'Espagne, montrent que les hommes étaient apparentés tandis que les femmes venaient d'autres groupes*. Il s'agit donc de sociétés dites patrilocales, ce qui signifie que la femme quittait son clan natal pour rejoindre celui de son époux. En revanche, cela ne dit rien sur la filiation, à savoir

* Voir chapitre 2, « Le Neandertal Genome Project ».

si l'enfant recevait le nom de son père ou de sa mère, quels étaient ses droits en termes d'héritage, de biens, de statut, etc.

Dans les sociétés néandertaliennes, il y avait donc des règles de parenté et d'alliance comme dans toutes les sociétés de votre espèce[40]. Et ces questions sont redevenues cruciales dans vos sociétés dites postmodernes confrontées aux familles recomposées, au statut des femmes, aux nouvelles formes d'union et de procréation[41]. En fait, en s'affranchissant de plus en plus des aspects traditionnels et culturels de la filiation (toutes les formes d'alliance et d'hérédité) et en favorisant l'amour ou simplement les unions libres, les sociétés occidentales – et les autres – privilégient les intérêts de l'enfant avec un retour sur les problèmes de la parenté. Évidemment, je suis directement concernée par ces questions de parenté et de filiation qu'il faut bien distinguer.

La parenté décrit la généalogie d'un individu, constituée de sa mère, de son père, de ses frères et sœurs, de ses cousins, et des ascendants de chacune de ces personnes. Et c'est là que les choses commencent à se compliquer car, selon les cultures, il existe des termes très différents pour distinguer ou non des apparentés dans des catégories telles que : « oncle », « tante », « clan », sans même parler des ancêtres symboliques des sociétés dites totémiques. Du reste, les anthropologues constatent que les formes de parentés sont moins liées aux affaires de reproduction qu'aux valeurs politiques et religieuses des sociétés, sans oublier leurs aspects économiques[42].

On touche ici à un des grands fondements des sociétés humaines qui, associé au langage, transfère les comportements au discours, comme pour le tabou de l'inceste. Ces structures de parenté régissent les interdits et les possibilités de mariage entre les individus : selon les cultures, on peut ou on ne peut pas se marier entre cousins ou, plus compliqué, entre certains cousins et pas d'autres. Dès lors, la parenté, d'abord naturelle, devient culturelle, ce qui amène à la filiation. Celle-ci concerne en effet la transmission culturelle de la parenté comme le nom, l'héritage, les droits, les obligations, la responsabilité éducative, etc.

Diversité des systèmes familiaux

Les tentatives pour classer ces systèmes dégagent quelques types de parentés, mais avec beaucoup d'exceptions, sans omettre leurs contournements. À cela s'ajoutent les questions de filiation qui touchent à l'identité culturelle et sociale et à la transmission. Il y a des sociétés patrilinéaires (transmission par les pères), matrilinéaires (transmission par les mères), bilinéaires (des deux côtés, mais pas forcément pour les mêmes choses) et d'autres indifférenciées, dites cognatiques ou naturelles, avec des variations pour chaque type et entre ces types de filiations.

Un exemple parmi d'autres : les sociétés du sud de l'Europe ont longtemps conservé un caractère patrilinéaire et patrilocal. La légitimation de ce mode de filiation repose sur un discours s'appuyant sur toutes sortes de récits, y compris scientifiques, selon lesquels, depuis Aristote, on considérait que les caractères de l'enfant venaient de la semence du père tandis que la mère ne constituait qu'un ventre nécessaire. Heureusement, la génétique est passée par là et, n'en déplaise à une partie des sciences humaines, sans elle vous baigneriez toujours dans cet archaïsme machiste venu des Grecs. Actuellement, les sociétés occidentales admettent une filiation cognatique et qualifiée récemment de « naturelle » depuis que l'on sait – cela fait à peine un siècle – que l'enfant est constitué à moitié par les chromosomes de la mère et à moitié par ceux du père. Comme quoi, la biologie et même les gènes évoluent plus vite que les représentations et les règles sociales.

Le Code civil de Napoléon marque une étape importante dans l'histoire des sociétés en proposant une approche rationnelle et (prétendument) universelle des questions de filiation par-delà la diversité des coutumes et en définissant des droits (universels) qui prévalent sur les coutumes (particulières). Cependant, il privilégie une filiation patrilinéaire avec la transmission du nom du père à l'enfant et en instituant l'autorité du chef de famille, la femme étant considérée comme « mineure ». Si cela n'a évidemment pas heurté les populations françaises de culture méditerranéenne, cela fut beaucoup moins apprécié chez les Basques qui faisaient prévaloir le droit d'aînesse, qu'il s'agisse d'une aînée ou d'un aîné. Le Code civil a été modifié au cours des dernières décennies avec l'évolution du statut et des droits des femmes, les unions libres, les autres formes instituées d'union et leurs règles de filiation – comme le Pacs – et, actuellement, ce qu'on appelle le « mariage pour tous », dont on ne connaît pas d'exemple en anthropologie[43].

À titre personnel, je suis un peu un cas d'école : j'ai forcément des parents néandertaliens pour géniteurs ; j'ai bénéficié d'une mère porteuse *Homo sapiens* anonyme ; ce sont mes parents adoptifs qui m'ont éduquée et je me sens tout à fait bien dans ma filiation. Je n'ai donc pas besoin de me lancer dans une quête de ma parenté génétique, que je connais d'une certaine façon, mais qui m'est absolument inaccessible. Et quand bien même ? L'évolution récente des sciences et de la médecine autour de la procréation vous place dans une situation inédite : d'un côté des personnes qui, en mal de parenté, se mettent en quête de leurs origines génétiques et, de l'autre, des avancées de la génétique et de la PMA qui font que des personnes peuvent avoir un enfant sans être des parents au sens génétique, mais plaident légitimement pour des droits de filiation.

L'obsession du gène

Et c'est là un paradoxe étonnant. Avec les avancées de la génétique, rien de plus facile que de prouver la parenté naturelle et de faire valoir des droits de filiation. Du coup, depuis un demi-siècle, la filiation devient le droit du gène. Mais d'autres avancées de la génétique permettent de procréer sans être géniteur tout en réclamant des droits de filiation issus de celui du gène. Compliqué ? Sans aucun doute, et les anthropologues le savent depuis longtemps. Sauf qu'on entre dans une nouvelle phase de l'évolution de l'humanité inconnue de toutes les disciplines anthropologiques, celle du règne du droit des enfants. Ce n'est plus l'ascendance qui prévaut par filiation, mais la descendance qui réclame ses droits de filiation en se revendiquant du gène.

Tous ces millénaires d'évolution pour en arriver à cette ignorance anthropologique de la diversité des sociétés, des cultures et des formes d'amour depuis l'expansion de votre espèce sur la Terre[44] ! Au passage, je remarque qu'en termes de filiation et de parenté la Sainte Famille se pose elle aussi comme un cas d'école, ce qui ne manque pas de piquant quand on connaît l'identité confessionnelle des groupes qui vilipendent le « mariage pour tous ».

Inversement, je constate une obsession récente et, d'une certaine façon, inquiétante pour les origines génétiques mais sans qu'elle s'accompagne nécessairement d'une revendication sur les droits de filiation. Sans aucun doute, vous vivez une époque anthropologique inédite dans l'histoire de l'humanité dans laquelle vous allez apprendre à construire des sociétés tissées de multiparentalités avec des droits de filiation adaptés, sans oublier les questions de parentèle. C'est ainsi qu'au cours des dernières décennies les droits de filiation se sont élargis vers plus d'équité envers les enfants au nom de la parenté et c'est au nom de la parenté que, très récemment, des grands-parents ont demandé à ce qu'un enfant conçu par PMA/GPA soit reconnu par le droit français qui, en l'occurrence, se montre bien peu universel comme l'a rappelé la Cour européenne des droits de l'homme. Franchement, vous avez intérêt à avancer rapidement sur ces questions si vous voulez les résoudre : actuellement, vous êtes pris en tenaille entre des attitudes conservatrices qui, au passage, défient la diversité anthropologique de vos sociétés, et des promesses anthropologiquement douteuses de la part des démiurges du transhumanisme avec congélation d'ovules et autres utérus artificiels[45].

De mon temps, du temps de nos amours fécondes entre les femmes et les hommes de Neandertal et de Cro-Magnon, personne ne se préoccupait de savoir qui était le géniteur (et évidemment pas parce qu'on ignorait cette question comme le prétendent trop d'anthropologues occidentaux qui, justement, ont confondu la parenté et la filiation quand ils ont décrit d'autres peuples). Car ce qui compte, par-delà ces questions, c'est l'amour des parents et des proches, qui ne se limite pas à la rencontre des gamètes de ma maman et de mon papa. Et je ne dis pas cela en raison de l'originalité de mon sort : c'est tout simplement anthropologique ! En fait, j'ai l'impression que vos sociétés dites modernes ont beaucoup de difficultés avec toutes ces affaires de gènes, de parenté, de filiation et, pour tout dire, d'évolution. Car vos sociétés évoluent vers des formes de parenté et de filiation jusque-là inconnues dans l'histoire de l'humanité.

Misère de la psychologie évolutionniste

Vous êtes entrés dans une crise de civilisation dont un des aspects les plus inquiétants concerne la famille, la procréation et le statut des hommes, les mâles. J'ai lu récemment qu'il y aurait une crise entre trois types de civilisations occidentales : les États-Unis d'Amérique, l'Europe et la Russie[46]. Selon certains analystes et la presse russe, la Russie et son président seraient les porteurs d'un projet de civilisation fondé sur des valeurs traditionnelles organisées autour d'un statut viril de l'homme[47]. Les nouvelles formes de parenté et de famille qui s'affirment dans le reste de l'Occident seraient la marque de la décadence des deux autres types de civilisations, l'européenne et celle d'Amérique du Nord. Pour ma part, je constate une souffrance du mâle dit moderne en quête d'un mythe de la virilité que les psychologues évolutionnistes font doctement remonter à la préhistoire[48]. Comment peut-on avancer de telles affirmations alors qu'elles ne peuvent être mises à l'épreuve des faits ? Je suis encore plus consternée par ces représentations de supermâles dont l'archétype héroïque serait né aux temps préhistoriques, comme votre Rahan à la blondeur toute néandertalienne[49].

Alors, est-ce que les hommes néandertaliens et *sapiens* de la fin de la préhistoire étaient de grands machos virils ? Franchement, personne n'en sait rien. En tout cas, l'archéologie préhistorique ne montre pas de différence sexuelle dans le traitement des défunts inhumés dans leurs sépultures. Dans les célèbres tombes de Süngir, un site d'Ukraine daté de 27 000 ans, une femme et un homme adultes ainsi qu'une jeune fille et un jeune homme furent déposés avec des habits et un mobilier funéraire somptueux sans qu'on puisse distinguer de différence sexuelle de statut. Cela ne signifie pas pour autant que les sociétés préhistoriques étaient plus égalitaires entre les sexes, mais cela ne valide pas l'hypothèse des origines de la domination masculine à cette époque.

Néanmoins, une chose est certaine : quand les hommes ne vont pas bien, les civilisations sont en danger. Au cours du dernier demi-siècle, le taux de fécondité des mâles *sapiens* a chuté de moitié en raison de l'effondrement de la quantité et de la qualité des spermatozoïdes ! En ce qui concerne mon espèce, des études génétiques récentes indiquent que les derniers mâles néandertaliens auraient, eux aussi, connu un affaiblissement de leur fertilité, ce qui, conjugué avec la diminution du nombre de femmes néandertaliennes fécondes, aurait conduit à notre disparition (les études sur l'ADN fossile permettent ce genre d'estimations populationnelles*). Toutes ces recherches sont récentes et méritent d'être consolidées. Même si cela a pour moi un petit air de déjà vu, contrairement à la situation qui était la nôtre il y a plus de 20 000 ans, vous disposez de moyens scientifiques et médicaux fabuleux pour préserver votre espèce. Sachez toutefois que

* Voir chapitre 2, « Le Neandertal Genome Project ».

vous ne pourrez pas le faire en vous reposant seulement sur les techniques, mais aussi et avant tout sur la diversité des systèmes sociaux et des formes de famille dont témoigne encore la diversité de vos cultures. Comme l'affirmait Claude Lévi-Strauss, vos sociétés modernes ont certainement beaucoup à apprendre des sociétés dites traditionnelles en matière de famille, de solidarité et de relations à l'environnement car celles-ci ont dû s'adapter à la brutalité de l'expansion du mode de vie occidental depuis l'époque de Charles Darwin, chose que, en d'autres temps, nous autres Néandertaliens n'avons pas su faire[50]. Les développements de la génétique bousculent les sociétés et leur histoire tout comme *notre* préhistoire. Ainsi, grâce aux recherches sur l'ADN des mitochondries, qui ne se transmet que de mère à enfant*, on sait, comme déjà évoqué, que mes congénères néandertaliens du site d'El Sidrón en Espagne vivaient dans des sociétés patrilocales, ce qui signifie que les hommes partageaient la même mère tandis que les femmes avaient des ascendantes maternelles différentes. Les paléoanthropologues nous disent que ce système basé sur l'exogamie des femmes se retrouve dans presque toutes les sociétés humaines, comme l'avait bien vu Lévi-Strauss, et qu'il en est de même chez les chimpanzés[51]. En revanche, c'est l'inverse chez presque toutes les autres espèces de singes et même de mammifères. Alors, est-ce que cette exception patrilocale est l'expression d'un « gène de l'exogamie des femelles » ?

---

* Voir chapitre 2, « Le Neandertal Genome Project ».

Évidemment non ! Il y a des exceptions parmi les populations humaines actuelles et passées, comme chez les chimpanzés.

Il ne faut pas confondre les conséquences génétiques de choix de société avec des choix de société dictés par des gènes. Car, contrairement à ce que clame une partie des sciences humaines très hostile à tout ce qui vient de la biologie (comme l'opposition entre le sexe et le genre), la génétique et l'éthologie montrent que les caractéristiques des sociétés humaines et de chimpanzés proviennent d'histoires sociales propres à chaque lignée. Autrement dit, la sociobiologie, qui décrit les systèmes sociaux en s'intéressant à leurs fondements génétiques possibles et en évaluant la qualité des relations entre les individus en fonction de leur degré de parenté, témoigne qu'il n'y a pas de déterminisme biologique strict, loin s'en faut. Le caractère patrilocal des sociétés de chimpanzés et des sociétés humaines s'explique par leur longue histoire sociale, ce qui n'exclut pas des jeux subtils des possibles liés à nos gènes et, *in fine*, à notre histoire évolutive. Les systèmes de parenté ne sont pas dictés par les gènes, en tout cas pas de façon déterministe, surtout chez des espèces sociales composées d'individus avec de longues ontogenèses. Il faut comprendre cela comme un jeu aléatoire avec des contraintes issues de l'histoire sociale de chaque lignée. Et si de telles contraintes existent, et c'est le cas, cela ne signifie pas quelles sont d'origine génétique mais plus certainement des conséquences génétiques des préférences sexuelles entre les individus, ce qu'on appelle la sélection sexuelle[52]. Donc, parmi les populations humaines, il faut admettre que des systèmes de parenté exercent une sélection sur les gènes et leurs expressions[53]. C'est comme cela qu'il faut comprendre la sociobiologie : elle n'est pas la recherche des gènes qui déterminent nos comportements, mais des interactions complexes entre les comportements et les supports héréditaires qui, on le sait maintenant, sont loin d'être « mécaniques », même chez les insectes[54].

Comme je vous l'ai indiqué, le site où j'ai été mise au jour se trouve en Adyguée. Jusqu'au XIXe siècle, la société adyguéenne pratiquait une forme de gynocratie et les enfants n'étaient pas forcément élevés par leurs parents. Surpris ? Je vous rappelle qu'au XVIIIe siècle, les classes dominantes comme les nobles et les bourgeois n'élevaient pas leurs enfants et les confiaient à des nourrices. En Adyguée, donc, dans cette région sans cesse traversée par des invasions venues de tous les horizons, les peuples circassiens ont appris à mobiliser tous ceux d'entre eux qui étaient aptes à se battre, dont les femmes, et cela depuis l'Antiquité. Les guerrières adyguéennes formaient des régiments redoutés sur les champs de bataille. Elles sont à l'origine du mythe des Amazones, même si elles ne montaient pas en amazone et heureusement pour elles*. À propos, comment des hommes ont-ils pu inventer des selles aussi démentes pour les femmes ?

---

* Voir chapitre 3, « Des Vénus aux gerrières d'Adyguée ».

En naviguant sur vos sites, j'ai appris qu'après la préhistoire certaines sociétés humaines avaient inventé différents types d'agriculture, puis les villes et des systèmes de croyances organisés autour d'un dieu unique et mâle. Depuis, tout ce que les hommes ont inventé pour nuire aux femmes dépasse l'entendement ! De doctes penseurs de toutes obédiences affirment d'ailleurs que l'invention de la domination masculine serait issue de la préhistoire. Et que font-ils du machisme institutionnalisé par une partie de la philosophie et déifié par une partie de la théologie ? Vos préhistoriens et vos « psychologues évolutionnistes » affirment sans sourciller que, de mon temps, les hommes allaient à la chasse alors que les femmes restaient dans la grotte à attendre le retour de leurs valeureux chasseurs en échange de gratifications sexuelles. Désolée, chers hommes dits modernes, votre machisme ridicule se passe très bien de la préhistoire. Pour le comprendre, il suffit de lire les statistiques effarantes des violences faites aux femmes chaque jour dans votre monde sur les sites Internet de l'ONU et de l'Union européenne, que ce soit le fait de leur conjoint ou de celui de vos armées qui violent, mutilent, enlèvent et vendent des milliers de femmes. Vous êtes devenus l'espèce la plus violente envers ses femelles qui, je vous le rappelle, sont des *Homo sapiens* ! L'histoire, qui commence avec l'agriculture, l'écriture et les cités, a été et reste la pire période pour les femmes depuis les origines du genre *Homo* il y a plus de 2 millions d'années en Afrique[55].

Mais revenons à vos histoires de famille, et en particulier celles que l'on appelle « monoparentales ». Quel oxymore pour décrire une incongruité qui n'existait pas du temps de l'« âge des cavernes ». Voilà une des conséquences de la confusion entre le géniteur et le père avec la filiation dictée par le spermatozoïde. Car s'il suffit de donner un spermatozoïde pour être père ou un ovule pour être mère, quel mépris envers l'homme et la femme – quelles que soient leurs préférences sexuelles – qui auront donné amour et attention à un enfant sans avoir avec lui de filiation génétique… Vous êtes devenus des fanatiques du gène et la génétique n'y est pour rien.

Et puis, qui sont ces gens qui s'opposent à ceux qui s'aiment autrement qu'eux ? Si nous avions eu ces considérations de mon temps, les non-Africains de votre espèce n'auraient pas 1 à 4 % d'ADN de Neandertal, donc du mien. C'eût été une grande perte pour vous, semble-t-il, car une partie de mon ADN a facilité l'acquisition de l'adaptation à une peau plus claire et à la résistance à des maladies pour vous les *Homo sapiens**. Alors vos querelles autour du « mariage pour tous » me semblent bien archaïques en regard de ces souvenirs amoureux, du temps où des femmes et des hommes de deux espèces se désiraient. Et voilà que cela fait « mauvais genre »… Mais j'ai cru comprendre que les contempteurs du mariage pour tous n'appréciaient pas les théories de l'évolution, que ce soit pour des raisons religieuses ou inspirées par

* Voir chapitre 2, « Le Neandertal Genome Project ».

un humanisme désuet et trop longtemps réservé aux hommes occidentaux au détriment des femmes : ce que Claude Lévi-Strauss dénonce comme l'« humanisme bourgeois ». Quant à vos nombreux archaïsmes, ils me paraissent être plus le fait de votre histoire récente que de *notre* préhistoire, même s'il est bien plus facile de lui en attribuer la responsabilité[56].

Je ne serais pas devant vous sans le Neandertal Genome Project*. Et il m'arrive de me sentir stigmatisée par ces groupes qui critiquent toutes les méthodes médicalement assistées autour de la procréation, comme en France. Comment un pays doté d'une telle excellence scientifique – notamment en paléoanthropologie et les Néandertaliens en sont reconnaissants à la France pour l'éternité – a-t-il pu montrer autant de réticences sur le séquençage du génome de l'homme ou celui des grands singes ; aujourd'hui pour les recherches sur les cellules souches**... Cela dépasse mon entendement préhistorique, d'autant que la préhistoire doit tant à des gens d'Église. Car il est trop facile, et surtout fallacieux, d'opposer les scientifiques, les philosophes et les théologiens. Il ne faut pas tomber dans le piège grossier conçu par les fondamentalistes de tous poils, dont les créationnistes[57]. (Je note d'ailleurs une corrélation pileuse entre les idéologues fondamentalistes de toutes obédiences – religieuses, laïques et politiques – et les barbus.) Les

* Voir chapitre 2, « Le Neandertal Genome Project ».
** Voir chapitre 4, « Darwin en Russie ».

créationnistes et les progressistes se retrouvent de façon étrange ligués contre la nature et ses changements, ce qui révèle de profonds traumatismes cognitifs qui n'ont rien à voir avec la science, la religion ou la philosophie en soi mais, selon Sigmund Freud, avec un malaise dans votre civilisation.

Mon congénère néandertalien de La Chapelle-aux-Saints a été découvert dans une tombe en 1908 par quatre hommes d'Église auxquels s'est adjoint l'abbé Breuil, le premier professeur de préhistoire au Collège de France nommé en 1929. Ils eurent quelques difficultés avec une partie de leur hiérarchie – à l'instar de Teilhard de Chardin qui devait succéder à Breuil au Collège de France –, mais comment espérer meilleur baptême pour cette grande science qui unit tous les hommes d'hier et d'aujourd'hui dans une même humanité, que ce soit devant le Créateur pour certains ou par une même origine naturelle pour d'autres ? Et aujourd'hui je me réjouis des avancées du pape François sur ces questions de science et de société que nous venons d'évoquer. Comme le dit votre paléoanthropologue Pascal Picq, il n'y a pas qu'un seul chemin qui mène à l'homme, à condition de respecter les diversités et de repousser les exclusions dans le cadre d'une laïcité universelle. C'est toute la grandeur humaniste de la paléoanthropologie qui, comme l'ethnologie, contribue à édifier une nouvelle histoire universelle de l'humanité.

La Terre selon Homo sapiens *(une planète trop humaine)*

Parlons de votre avenir sur cette Terre. Quel monde allez-vous laisser à vos enfants et quelle éducation allez-vous leur donner ? Comment avez-vous fait pour qu'en une génération, il y ait autant d'obèses dans vos pays développés et émergents ? Comment les mamans et les papas en sont-ils arrivés à délaisser ainsi l'éducation et la santé de leurs enfants ? Au lieu de vous quereller sur la procréation, vous feriez mieux de vous entendre sur l'éducation !

J'ai cru comprendre que les parents ne sont plus responsables : c'est la société. J'ai lu que ce serait à cause d'un certain Jean-Jacques Rousseau : il serait à l'origine d'une grande tradition d'intellectuels dits modernes qui préconisent aux autres ce qu'il faut faire pour l'éducation des enfants, mais qui ne se sont jamais risqués à le faire pour les leurs. Vous appelez ça des « experts » : ils postulent que vous êtes des incompétents pour vous imposer leurs incompétences. Nous aussi, nous avions nos chamans mais, contrairement à vous, nous ne croyions pas à toutes leurs histoires ni à leurs injonctions. À se demander comment le genre *Homo* a fait pour assurer la succession des générations pendant des millions d'années avant eux ! Je vous suggère de faire une étude scientifique sur le succès de la descendance de ces « experts en éducation ». De mauvais esprits, me dit-on, évoquent le syndrome « Rousseau/Dolto/Bobo/McDo/Nintendo ». On me conseille de ne pas en parler, car ce n'est pas politiquement correct, expression que je ne comprends pas bien. Je me demande comment vos jeunes auraient survécu de mon temps, surtout quand on connaît les prédateurs qui nous compliquaient la vie, comme les loups.

Des hommes et des loups

J'ai remarqué que les loups ne cessent de hanter vos relations : entre vous, mais aussi avec l'environnement. De mon temps, on leur a vite fait comprendre qu'ils ne devaient pas trop nous chercher et, s'il fallait rester vigilant, chacun savait se tenir à sa place, tout en se rendant aussi de menus services (sans prendre le risque de figurer au menu). C'est une question d'intelligence écologique et même, parfois, d'entraide entre espèces, comme l'avait bien compris Piotr Kropotkine, qui proposait dans son livre publié en 1910 une conception moins caricaturale et égoïste de la théorie de Darwin que celle qui est encore si vivace dans la tradition anglo-saxonne*. C'est ainsi que nous avons construit une collaboration intelligente avec des loups devenus des chiens sans être réduits à une domestication servile. J'observe, là aussi, combien la France entretient des relations aussi difficiles qu'aberrantes avec ses quelques centaines de loups. D'un côté, des écologistes de ville qui ne voient

* Voir chapitre 4, « Darwin en Russie ».

en eux que de gentils caniches ; de l'autre, des opposants farouches à tout prédateur. Or un système écologique sans prédateur est voué au dépérissement. C'est donc une question d'intelligence et nous autres Néandertaliens n'hésitions pas à éliminer les individus prédateurs qui nous menaçaient. Mais il n'était pas question d'éradiquer l'espèce. J'ai remarqué cette étonnante manie d'accuser les prédateurs quand les hommes surexploitent des ressources, jusqu'à les faire disparaître, comme les morues de Terre-Neuve prétendument victimes des phoques. Les morues et les phoques ont coévolué pendant des millions d'années avant que la pêche intensive ne vienne bousculer cet équilibre.

Je suis effarée par ce que je vois sur vos réseaux d'information. Dès qu'un loup mange une brebis ou qu'un requin croque un surfeur sur canapé, cela déclenche un tollé médiatique mondial et de grandes campagnes d'éradication sont mises en œuvre. La peur de la bête sauvage vous égare. Vous êtes 7 milliards et les quelques derniers milliers de grands prédateurs vous plongent dans des abîmes d'angoisse. Pourtant, comme vient de l'annoncer le WWF (Fonds mondial pour la nature), la moitié des individus de toutes les espèces sauvages encore vivantes sur la Terre a disparu au cours du dernier demi-siècle. C'est d'autant plus difficile à comprendre que, depuis 2007, la moitié de la population humaine vit en zone urbaine et que bientôt ce sera plus des deux tiers. Il y a tout de même quelque chose qui ne va pas bien dans votre monde.

Venant d'une autre époque qui, je vous l'assure, n'était pas si bucolique, je vois des problèmes bien plus graves que les prédateurs. Ainsi, ces millions de morts et de handicapés provoqués par vos maudites voitures, sans parler de leur pollution devenue la première cause de mortalité au monde. Entre les loups et les voitures, quelle drôle d'équation ! Sans doute est-ce cela, le progrès ? Certes, votre époque m'émerveille à bien des égards. Vous avez accompli tant de choses inimaginables. Mais pouvez-vous continuer ainsi ? L'homme n'est-il pas devenu un loup pour l'homme ? À propos, j'ai lu qu'un loup avait traversé le village olympique pendant les jeux de Sotchi. L'information est passée inaperçue, certainement en raison des événements survenus dans cette même région au moment de ce qui devait être la trêve olympique. D'un point de vue néandertalien, cela rappelle furieusement l'époque où les *Homo sapiens* sont devenus de plus en plus nombreux…

Et pourtant, vous êtes capables de faire des choses si extraordinaires. Après les jeux Olympique d'hiver se sont tenus les jeux Paralympiques. Quelle n'a pas été mon admiration de voir ces femmes et ces hommes se lancer dans des sports périlleux malgré leur handicap. Je suis tout aussi émerveillée par ce que vos techniques apportent à ces personnes. Sachez cependant que nous nous occupions aussi fort bien de nos handicapés. En effet, vos paléoanthropologues ont découvert dans une tombe de la grotte de Shanidar, en Irak, le corps d'un de mes congénères néandertaliens ayant vécu à un âge avancé grâce au soutien de son clan alors qu'il était fortement handicapé par la perte d'un bras et des malformations du pied. C'était il y a plus de 50 000 ans !

J'ai suivi aussi ces discussions, tout à fait passionnantes, sur ce que vous appelez le transhumanisme ou l'homme augmenté par les techniques des NBIC ; je reviendrai plus loin sur ce sujet vraiment fascinant. En attendant, des athlètes handicapés rivalisent avec des athlètes comme Oscar Pistorius. Ce qui ne disqualifie pas ce dernier pour avoir des problèmes très humains semble-t-il, puisqu'il aurait tué une jolie femme blonde. Cela m'inquiète d'autant plus que des études de génétique des populations soulignent le risque de disparition des blondes au sein de votre espèce. Alors, s'il vous plaît, cessez de gaspiller votre héritage néandertalien ! Même si, selon une expression un peu réductionniste venant de la sociobiologie, les individus ne sont que des valises servant à la diffusion des gènes, prenez soin de vos bagages génétiques. Quant à moi, je me plais à imaginer les performances d'athlètes néandertaliens. Des joueurs de hockey sur glace, par exemple…

Homo sapiens et la Terre

Plus sérieusement, j'ai découvert une grande question : l'écologie. Précédemment, j'ai évoqué le Jean-Jacques Rousseau éducateur. Mais il y en a un autre, très intéressant, chez qui vos intellectuels, comme Claude Lévi-Strauss, reconnaissent le fondateur de l'anthropologie culturelle et d'autres, les évolutionnistes, un des pionniers de l'« écologie ». Le terme « écologie » a été inventé par Ernst Haeckel en 1866. Il signifie « science de l'habitat » et pas seulement de la maison tandis que celui d'« économie » désigne la « gestion de l'habitat[58] ». Ils ont donc la même racine comme le rappelle votre grand chaman Edgar Morin : il ne peut pas y avoir d'économie durable sans une gestion intelligente de l'habitat. Vous voyez comme je peux me montrer très intellectuelle bien que trop de vos « intellectuels à la mode » contestent tout cela : c'est tellement « tendance » de critiquer les sciences et de fustiger la nature...

Un petit coup de pouce sur vos réseaux et je découvre qu'Ernst Haeckel est un immense scientifique (mais un idéologue raciste égaré). Et, à l'instar de son mentor Charles Darwin (qui, lui, combattait l'esclavagisme et le racisme, contrairement à ce que prétend une partie des sciences humaines en France), il pensait que les origines de l'homme se trouvaient quelque part dans la bande des tropiques, là où vivent les grands singes actuels*. Haeckel penchait du côté des gibbons et de l'Asie, Darwin du côté des chimpanzés et de l'Afrique. Et c'est bien là que tout a commencé, en Afrique. Mais il a fallu un siècle pour que vous l'acceptiez à cause d'un fléau appelé racisme alors que vous, tous les *Homo sapiens*, venez d'Afrique et que vous aviez la peau sombre ; on en sait quelque chose nous, les

* Voir chapitre 5, « Neandertal, les Aryens et les Almas ».

Néandertaliens aux yeux clairs, aux cheveux roux et à la peau claire. D'ailleurs, vous le savez grâce à l'ADN de mon espèce récolté par vos paléogénéticiens ; et c'est grâce à cela que je suis là devant vous et que je vous parle car, comme vous, je dispose des gènes FoxP2 appelés abusivement « gènes du langage* ». Un abus de langage donc et aussi un démenti pour tous ces paléoanthropologues qui persistent à dégrader notre humanité néandertalienne. Décidément, vous avez beaucoup de difficultés avec toutes ces questions de sexe, de population, d'espèce et de genre d'hier et d'aujourd'hui.

Comment vous avez dominé la Terre

Avant de continuer sur ma perception de votre monde, il est utile de faire un petit rappel de notre histoire évolutive commune depuis 2 millions d'années, avant que nos lignées ne se séparent vers 500 000 ans. Les origines du genre *Homo* se trouvent en Afrique et datent d'environ 2,5 millions d'années. Très vite, ces premiers hommes se sont déployés sur tout le continent africain et en Eurasie. Vos grandes revues scientifiques ont publié il y a peu une étude sur ces premiers hommes sortis d'Afrique : âgés de 1,8 million d'années, ils ont été retrouvés à Dmanisi, en Géorgie. Ce n'est pas très loin de Sotchi, dans le corridor de la mer Noire.

* Voir chapitre 2, « Le Neandertal Genome Project ».

Homo georgicus est le nom qu'on leur a donné. Ils mesuraient environ 1,2 mètre et se baladaient avec un cerveau de 850 cm^3. Ces petits hommes incontestables ouvrent, sans le savoir, un nouveau chapitre dans l'histoire de la vie*. Ils se rattachent à *Homo erectus,* dont *Homo georgicus* est une variante. *Homo erectus* est le premier grand singe ou hominoïde à s'affranchir du monde des arbres et il est bientôt capable de s'installer dans une plus grande diversité d'écosystèmes. Dès ses commencements, le genre *Homo* se dote d'une puissance écologique liée à la taille de son cerveau, ses capacités cognitives, sa stature et sa physiologie, mais aussi au langage et aux techniques, dont le feu.

Les premiers hommes sortent d'Afrique en compagnie de leur communauté écologique, dont les ancêtres des lions, des babouins gelada, des mammouths et des guépards. Cette communauté de la savane et du lion se diffuse en Europe et en Asie occidentale. Puis, elle finit par buter sur la communauté forestière du tigre, aux confins de l'Inde. Seul l'homme poursuit vers l'est. Il s'installe dans une diversité croissante de systèmes écologiques, non sans déjà imposer des contraintes aux autres espèces. D'ailleurs, d'où vient cette étrange idée que les hommes seraient sortis nus et sans défense des forêts et que, obligés de se protéger, ils auraient inventé des armes et des comportements agressifs, ce qui expliquerait leur

* Voir chapitre 1, « Glasnost sur la préhistoire russe » et chapitre 3, « Des Vénus aux guerrières d'Adiguée ».

violence ? J'ai vu cela dans *2001 : l'odyssée de l'espace*, un film inspiré des thèses de Konrad Lorenz sur la violence des hommes. Je vous rassure, les hommes n'ont jamais eu besoin des prédateurs pour exprimer leur agressivité. Une femme ou un homme tout seul, c'est ennuyeux quand elle ou il rencontre un prédateur. Mais dès qu'ils sont deux, les ennuis sont pour les autres ! D'ailleurs, les premières espèces victimes de l'expansion du genre *Homo* en Afrique, autour de 1,5 million d'années, sont celles qui lui sont le plus proches, comme les australopithèques et les grands prédateurs.

En Afrique et hors d'Afrique, au fil de centaines de millénaires et des fluctuations climatiques rythmées par les glaciations, plusieurs lignées humaines se différencient au gré des dérives génétiques : vous, les *Homo sapiens,* en Afrique à partir de 250 000 ans ; nous, les *Homo neanderthalensis,* en Europe et en Asie depuis 400 000 ans ; les femmes et les hommes de Denisova vers 1 million d'années en Asie centrale, où ils ont été découverts grâce à l'ADN mitochondrial extrait d'une phalange de femme ; puis les petits hommes de Florès (*Homo floresiensis*) dès 800 000 ans et d'autres encore certainement en Asie orientale, comme en Chine, que mes congénères connaissaient, mais que je vous laisse le soin de découvrir car vous n'êtes pas au bout de vos surprises.

En attendant, toutes ces espèces humaines cohabitent sur leurs vastes régions géographiques respectives. Donc, contrairement à la situation actuelle caractérisée par une seule espèce d'homme sur toute la Terre – vous les

Homo sapiens –, il faut imaginer ce que vous appelez l'Ancien Monde – Afrique, Asie, Europe – peuplé de plusieurs espèces d'hommes jusqu'à il y a à peine 100 000 ans. Et c'est à cette époque précisément que vous, les *Homo sapiens,* entamez la plus grande expansion jamais accomplie par une espèce dans l'histoire de la vie et aussi rapidement[59]. Vous donc, les hommes dits modernes, partez d'Afrique et du Proche-Orient vers 90 000 ans, à pied et en bateau. Même si cela vous est parfois difficile à comprendre, il s'agit d'un événement récent. En effet, malgré votre multitude et par-delà vos apparentes diversités actuelles, les 7 milliards de femmes et d'hommes d'aujourd'hui présentent une faible diversité génétique qui provient d'une population de ces 60 000 *Homo sapiens* africains. Cette diversité serait encore moindre sans les amours de vos ancêtres immédiats avec les Néandertaliens et les Dénisoviens. Mais je suis de retour…

Donc, une seule humanité composée de plusieurs espèces, toutes aussi humaines les unes que les autres et qui ne s'embarrassaient pas de questions d'espèce et de genre, puisque toutes les populations actuelles non africaines d'*Homo sapiens* possèdent de l'ADN de mon espèce et que d'autres – du Tibet, d'Océanie et d'Australie – conservent de l'ADN de Denisova. Tout n'allait pas si mal dans le meilleur des mondes possibles de la fin de la préhistoire surtout pour les amours en tous genres et entre espèces. Ils vous ont permis de vous approprier des moyens d'adaptation à la vie sous les hautes latitudes

– comme la peau claire – en captant des gènes de Néandertaliens ou à la vie sous de hautes altitudes en captant des gènes de Dénisoviens[60]... En supposant que la sélection sexuelle a plus contribué à la diversité et à l'adaptation des hommes que la sélection naturelle, Darwin était loin d'imaginer que ce processus avait impliqué plusieurs espèces humaines contemporaines vers la fin de la préhistoire.

Partis d'Afrique orientale *via* le Proche-Orient et en traversant la péninsule Arabique, vous arrivez en Australie, alors unie à la Nouvelle-Guinée et à la Tasmanie – le Sahul –, après avoir franchi les lignes de Wallace et de Weber qui séparent les communautés de mammifères placentaires à l'ouest des communautés de mammifères marsupiaux à l'est. Vous occupez les terres australes, et peut-être une partie des Amériques, avant d'avoir posé fermement le pied en Europe. Car cela fait plus de 100 000 ans que vous marchez sur la Terre et que vous naviguez sur les mers, d'abord le long des côtes, puis par-delà l'horizon, ce que jamais aucune espèce de mammifère n'a fait de sa propre volonté. C'est une histoire aussi fascinante que brutale dont nous n'avions pas conscience de mon temps ; pas plus que vous d'ailleurs jusqu'à ces dernières années et grâce à la paléoanthropologie.

Pourquoi vous implantez-vous si tard en Europe alors que vous partez du Proche-Orient ? Parce que nous, les Néandertaliens, avons résisté pendant des dizaines de milliers d'années : 50 000 ans au Proche-Orient, puis 10 000 ans de cohabitation et d'acculturation réciproques en Europe avant que nous disparaissions. Il en fut de même avec les autres espèces d'hommes (Denisova, Florès, Java…). Vous étiez décidément très envahissants et c'est ainsi que vous vous êtes retrouvés la seule espèce d'homme sur toute la Terre, dans l'Ancien Monde comme dans les Nouveaux Mondes.

Il y a quelque chose de particulier dans votre cerveau d'*Homo sapiens*. Qu'est-ce qui vous pousse à aller par-delà les horizons, les vallées, les chaînes de montagnes, les déserts et le ciel ? Et, apparemment, vous êtes toujours animés par cette pulsion qui, depuis un demi-siècle, se tourne vers les autres planètes.

L'aventure d'*Homo sapiens* reste une fantastique histoire naturelle et terrestre qui a donné une très grande diversité de populations, de langues, de systèmes de parenté et de récits des origines (cosmogonies). Et c'est comme cela que les paléoanthropologues reconstituent l'histoire du peuplement de la Terre à partir des relations de ressemblance ou de parenté entre les gènes, les langues et les mythes. Pourquoi ? Tout simplement parce que les populations se déplacent avec leurs gènes, leurs langues et leurs mythes : une histoire naturelle en quelque sorte[61]. Depuis la fin de la dernière glaciation, il n'y a jamais eu autant de diversités sauvages, ethniques et aussi domestiques à la suite de l'invention de l'agriculture. Ces diversités atteignent leur apogée au XVe siècle, avant que les Européens n'arrivent dans les Amériques. Et là se rejoue la tragédie que j'ai connue, sauf qu'on remplace les Néandertaliens et les Dénisoviens par les Amérindiens et les Africains, autrement dit des populations de votre espèce.

Une Terre plus humaine ?

S'ouvre alors un chapitre inédit de l'histoire du genre *Homo* avec une seule espèce humaine et une évolution démographique qui s'accélère mais au prix de l'élimination de trop d'ethnies, l'éradication des autres espèces et la détérioration des écosystèmes. Cette tendance s'affirme avec la première révolution industrielle et s'accélère de façon prodigieuse avec la deuxième. Depuis que Lévi-Strauss a publié *Tristes tropiques*, la population mondiale d'*Homo sapiens* a été multipliée par trois ! D'un point de vue darwinien caricatural, quel succès ! Mais d'un vrai point de vue darwinien, quel désastre ! Car sachez que moins il y aura de diversité sur la Terre, moins les générations futures pourront concevoir leur adaptation et faire leurs propres choix. L'essence du progrès, ce n'est pas d'imposer aux générations futures ce que nous avons accompli – avec ses acquis mais aussi ses problèmes comme la dette, le réchauffement climatique, les détériorations irréversibles des écosystèmes et des biodiversités –, mais de leur permettre de construire leur avenir et celui de leurs enfants : ce que Darwin appelait la descendance avec modification.

Or notre disparition à nous, les Néandertaliens, a une composante humaine que trop de vos paléoanthropologues ne comprennent pas. Dans une perspective plus générale, j'ai remarqué que les paléontologues pour expliquer la disparition des espèces, les historiens pour celle des civilisations ou encore les économistes pour les sociétés recherchent systématiquement des causes extrinsèques : des météorites ou des volcans pour l'extinction des dinosaures, des sécheresses pour la chute de l'Empire maya ou des barbares pour l'Empire romain, l'Europe ou la mondialisation pour le déclin du « modèle français ». Mais sachez que les civilisations, tout comme les espèces, meurent à cause de l'effondrement de leurs aptitudes à s'adapter[62].

On peut comprendre que les espèces n'ont pas conscience de leur dégénérescence. Mais le problème récurrent des sociétés humaines réside dans leur incapacité à se poser des questions sur les limites de leur succès. On préfère insulter le vilain Thomas Malthus, grand bouc émissaire dans l'acception de René Girard[63]. Cette tendance à rejeter les causes de nos malheurs sur l'autre, surtout quand il semble avoir eu raison contre les foules et les systèmes, cette propension à nier le réel[64] et à en attribuer la faute à une fondation originelle[65], est une vieille recette ontologique reprise par toutes les idéologies et la psychologie évolutionniste[66]. En regard de certains de vos mythes fondateurs, je me demande d'ailleurs si votre « crime originel » ne serait pas dû au refoulement de l'élimination des Néandertaliens...

De Malthus au document du Club de Rome de 1972, toutes les réflexions sur les limites de la croissance font l'objet de critiques injurieuses et péjoratives, les qualifiant de pessimistes ou de « déclinistes ». Mais d'où vient cette religion du dieu Progrès et de sa déesse Croissance ? Les incantations de trop de vos politiques me rappellent les transes de nos chamans pour favoriser la chasse. Nous autres, Néandertaliens, avons certainement accompli une des plus grandes aventures de l'humanité. Durant plus d'un demi-millénaire, nous nous sommes étendus et adaptés, occupant toute l'Europe et l'Asie – allant jusqu'en Sibérie, au cours des âges glaciaires*. Quel succès ! Mais nous n'avons pas compris que les ressorts de notre adaptation finiraient par jouer contre nous. D'autant que nous nous sommes maintenus sur nos terres ancestrales pendant des millénaires tandis que vous naviguiez vers l'Australie. Objectivement, nous étions biologiquement et culturellement mieux adaptés que vous. Mais, au fil du temps, nous n'avons pas pris conscience, nous les vrais Européens, que le monde était en train de changer ; et votre expansion n'a rien arrangé. Nous nous sommes accrochés à nos traditions, nos techniques, nos représentations du monde avec le déclin de notre fécondité et le vieillissement d'une population de moins en moins nombreuse…

Si vos ancêtres Cro-Magnon récents n'avaient pas conscience de leur impact grandissant sur l'état de la Terre lié à leur démographie et à leurs activités, il y a une chose que je ne comprends pas, moi qui aurais pu

---

* Voir chapitre 2, « Le Neandertal Genome Project ».

vivre pendant les âges glaciaires, c'est comment on peut encore contester le réchauffement climatique : comment quelques personnalités, dont deux anciens ministres de l'Éducation nationale en France, peuvent-elles railler le laborieux travail de milliers de scientifiques dans le monde ? Pour des personnes censées être responsables des générations futures... D'un côté, quelques-uns qui veulent avoir raison par-delà tout entendement rationnel au nom d'une « certaine idée de l'homme » et, de l'autre, des milliers de scientifiques qui préféreraient se tromper[67] ! Alors, continuez à contester le réchauffement climatique ; continuez à critiquer vos scientifiques en vous recommandant de quelques chamans médiatiques inféodés à la secte techno-progressiste ; continuez à détériorer toutes les diversités ; continuez à ne plus faire d'enfants et nous nous retrouverons tous au paradis des fossiles... Mais, me direz-vous, cela dépasse mon entendement de femme néandertalienne.

Vos paléoanthropologues nous révèlent que, chemin faisant, vous, les *Homo sapiens,* avez éliminé toutes les autres espèces d'hommes, la plupart des grands mammifères et grands oiseaux des Amériques, d'Australie et des îles. Et cela continue aujourd'hui, comme avec les grands singes, nos frères d'évolution. Le jeune Darwin l'avait déjà entrevu lors de son grand voyage. Lévi-Strauss – qui critiquait l'humanisme bourgeois et étriqué de l'Europe occidentale sans manquer de citer notre humanité néandertalienne dans *Tristes tropiques* – en faisait le constat amer un siècle plus tard. Entendez ses mots dans une conférence donnée à l'Académie française en mai 2005 : « Ainsi, la seule chance offerte à l'humanité serait de reconnaître que devenue sa propre victime, cette condition la met sur un pied d'égalité avec toutes les formes de vie qu'elle s'est employée et continue de s'employer à détruire. » En tant que Néandertalienne, je souscris totalement à ce propos.

Le réenchantement du monde (des sciences pour demain)

Et pourtant, vous avez inventé des sciences et des techniques inimaginables, et pas seulement pour la Néandertalienne que je suis : pour vous aussi, il y a encore à peine un demi-siècle. Il est important de rappeler que toutes les grandes avancées dans l'histoire de l'humanité se fondent sur des révolutions techniques et technologiques, de nouvelles matières et de nouvelles énergies, de nouveaux moyens de transport, de nouvelles connaissances et représentations du monde, de nouvelles classes ou fonctions sociales et de nouvelles formes de gouvernance, de nouveaux modes d'échange des connaissances, de biens et de services, de nouvelles monnaies et, à chaque fois, avec des conséquences démographiques et écologiques à l'échelle mondiale, sans oublier l'édification d'un autre humanisme. Nous l'avons déjà évoqué, ce processus complexe, et propre au genre *Homo*, s'esquisse avec la sortie d'Afrique il y a 2 millions d'années. Mais il prend une ampleur inouïe avec l'expansion de votre espèce il y a 100 000 ans, puis, en suivant une accélération étonnante, avec l'invention des formes d'agriculture, l'Antiquité, la Renaissance et les deux grandes révolutions industrielles[68]. Et toujours, notamment pour les périodes historiques les plus récentes, on relève une foi dans la science, les techniques, l'avenir et les jeunes, qu'ils appartiennent aux générations X, Y ou Z.

Chers *Homo sapiens*, vous êtes déjà engagés dans une nouvelle période à l'échelle mondiale et tous les moyens dont vous disposez sont activés : réseaux, technologies de l'information, MOOC, bitcoins et crowdfounding, famille et éducation, matériaux composites, énergies renouvelables, gouvernances mondiales, démocraties supranationales, adaptation aux changements démographiques et climatiques, urbanisation (pour la première fois dans l'histoire de l'humanité depuis 2007, plus de la moitié de la population mondiale vit en zone urbaine), mobilité urbaine… Il vous reste à faire le plus difficile : la synthèse créatrice porteuse du monde de demain et, pour la première fois, pour toutes les populations humaines et à l'échelle planétaire, autrement dit, inventer un nouvel humanisme. La paléoanthropologie, en démontrant à la fois notre unité d'origine et notre communauté de destin, y participe ; et je compte bien en être.

Le temps des sciences

Comme il n'existe pas de muse pour la science – si ce n'est Uranie – et que je suis une fille légitime des sciences, on m'a demandé de commenter les avancées des connaissances au cours de l'année 2013. Ce n'est pas difficile : il suffit d'aller se promener sur la toile et d'aller visiter les sites des grandes revues scientifiques comme *Nature, Science, National Geographic, Scientific American*... Et c'est vraiment impressionnant. Impossible de résumer l'accroissement des connaissances en sciences fondamentales et appliquées, comme tout ce qui touche aux technologies et aux techniques. Actuellement, il y a plus de chercheurs dans le monde qu'il n'y en a eu dans toute l'histoire des sociétés humaines modernes. Et ce qui me ravit le plus en naviguant sur les sites des grandes institutions et publications scientifiques, c'est de voir que ces merveilleux chercheurs sont des femmes et des hommes de toutes les ethnies et de toutes les cultures ; toutes et tous arborent ce sourire fier et modeste de ceux qui ont conscience de l'étendue de ce qui reste à connaître de la nature.

Depuis la Grèce classique, on a trop longtemps occulté la physique du cosmos. Les découvertes des mondes matérialistes – de l'infiniment petit à la grandeur de l'Univers en passant par la vie avec l'homme, quelque part dans cette immensité spatio-temporelle comme l'avait déjà si bien compris Blaise Pascal – sont bien plus riches que la piètre diversité de tous les dogmes ontologiques s'opposant aux avancées des connaissances. Je me dois donc de faire un choix et, vous le comprendrez bien, je me suis concentrée sur les découvertes de l'année en paléoanthropologie avant de conclure sur l'humanité de demain.

Quelques avancées des sciences et des techniques

Mais voici d'abord, et pêle-mêle, ces découvertes fascinantes en biologie et si prometteuses pour la recherche biomédicale comme ce rat glabre (*Heterocephalus glaber*) qui, passé une trentaine d'années – un âge bien plus que canonique pour un rongeur –, ne développe pas de *cancer*. Les processus de multiplication de ses cellules semblent éviter des erreurs de copie et la possibilité de tumeurs.

Il y a ces *sauterelles bondissantes* dont les mécanismes articulés minuscules et précis au niveau des pattes augurent, grâce au biomimétisme, des « Pistorius » bondissants pour les jeux Olympiques à venir. Mais les bactéries proposent aussi des mécanismes qui sont des merveilles d'ingéniosité, comme ceux consistant à briser les chaînes d'ADN des virus qui les infectent. Des chercheurs réussissent à les reproduire (*techniques CRSPR/cas*), augurant là de nouvelles techniques très stimulantes pour les thérapies géniques.

Plus impressionnante encore – le terme est approprié –, la production de tissus humains grâce à des *imprimantes 3D* pour les articulations, les poils et les cheveux (pour les chauves, ce qui n'a rien à voir avec le rat cité plus haut), les reins, les dents, la myéline (importante pour le développement des nerfs), l'audition, le cœur... avec, pour bientôt, la fabrication de micro-organes de remplacement. Cela évitera les problèmes de rejet de greffe, en particulier pour les greffes entre l'homme et d'autres espèces, ce qu'on appelle les xénogreffes, dont les chercheurs les plus avancés ont été les Russes il y a un siècle*. Il ne s'agit pas de vendre l'illusion d'une vie plus longue, mais d'une plus grande espérance de vie en bonne santé, un sujet d'une très grande actualité dans vos sociétés alors que les Néandertaliens comme les Cro-Magnon, de leur temps, dépassaient rarement la quarantaine, et pas toujours en bon état comme le savent vos paléoanthropologues.

Et puis, malgré toutes les contraintes réglementaires, des chercheurs ont réussi à cultiver une lignée de *cellules souches* venant d'un embryon humain. D'autres ont franchi des étapes complexes qui annoncent le clonage humain. Je sais combien ces questions soulèvent de problèmes éthiques, mais ce n'est pas moi qui vais me plaindre de ces avancées...

Il y a aussi la *biologie structurale pour la fabrication de vaccins*. C'est un grand pas en avant de pouvoir stimuler nos systèmes immunitaires pour contrer les virus. Mais combien vont encore dénoncer les risques possibles

---

* Voir chapitre 4, « Darwin en Russie ».

de telles vaccinations au nom du risque zéro ? Ce n'est pas à moi, Néandertalienne, de vous expliquer ce qu'est la philosophie du *principe de précaution* : c'est vous les *Homo sapiens* ! Non ?

Je constate les relations complexes entre les sciences et les attentes de vos sociétés. Je ne comprends pas cette tendance à faire des procès aux médecins, d'autant qu'ils soignent de mieux en mieux alors que les charlatans des cœurs, des âmes et du futur, qui se font payer très cher leurs prestations, et sans remboursement par la collectivité, échappent à toute remise en cause. L'irrationalité du pourquoi l'emporte toujours sur la rationalité du comment, c'est humain. De mon temps, il y avait les hommes-médecins et ils assumaient cette double responsabilité. Alors comment les *Homo sapiens* en arrivent-ils à fustiger celles et ceux qui leur apportent un confort de vie à peine imaginable pour vous il y a moins d'un siècle ? Il en va de même à propos du changement climatique et de ceux qui tentent de mobiliser les esprits. Tel ce représentant des Philippines, intervenu de manière si émouvante au cours de la réunion sur le climat de Varsovie, au mois de novembre 2013, alors que son pays et les siens étaient frappés par Haiyan, le typhon le plus monstrueux jamais enregistré de mémoire d'homme. Mais il semble qu'il soit difficile d'éveiller les consciences… Ce qui m'amène au sujet suivant sur les *fonctions du sommeil* : puisque le cerveau se nettoie tout seul des déchets accumulés lors de l'éveil, je ne saurais trop recommander aux contempteurs du mariage pour tous, de l'évolution et du réchauffement climatique de faire une longue cure de sommeil. Enfin, car il faut fermer le ban, évoquons ces avancées biomédicales très encourageantes pour les thérapies géniques et aussi pour le traitement du sida chez de très jeunes enfants, un fléau terrible qui se diffuse avec l'amour… mais pas toujours.

Du côté des technologies, j'ai remarqué la *technique imagerie CLARITY.* Il fut un temps où les paléoanthropologues manipulaient nos crânes et nos os. J'aimais bien. Maintenant, tout se fait grâce aux outils de l'imagerie. C'est prodigieux et cela vous a permis de découvrir que nous avions aussi notre beauté, nous les Néandertaliens. Je retiens aussi cette expérience extraordinaire autour de l'interface cerveau/ordinateur (BCI : *brain-computer interface*). Un singe équipé d'un casque avec des électrodes cérébrales captant 500 signaux des cortex moteur et sensitif a été capable, par transmission électromagnétique de ses activités cérébrales, d'activer l'avatar d'un bras mécanique articulé localisé dans un autre laboratoire. Un autre espoir pour les handicapés ou quand *La Planète des singes* (la nouvelle série) rencontre *I, Robot* ! À ce propos, j'ai lu dans des articles et des études récentes de prospective comment votre monde va être bouleversé par une meilleure connaissance des capacités cognitives de ceux que vous appelez les animaux et l'arrivée des robots empathiques et cognitifs. Vous allez découvrir, à votre façon, ce que j'ai connu quand plusieurs espèces d'hommes vivaient ensemble. Tout cela fleure bon la science-fiction de moins en moins fictive, en tout cas sur la Terre.

Et ailleurs, dans l'Univers ?

Le chercheur Michel Mayor ne cesse de découvrir d'autres planètes, ou *exoplanètes*, des centaines depuis une vingtaine d'années et plus de soixante-dix rien qu'en 2013. Les sciences du ciel et du cosmos consolident le modèle cosmologique dit standard, autrement dit la théorie du Big Bang grâce à la détection des *rayons cosmiques issus de supernovae*. Je n'oublie pas, évidemment, la magnifique confirmation du grand édifice de la physique théorique avec la mise en évidence du boson de Higgs dans l'immense accélérateur du CERN. Pas besoin d'être néandertalienne pour s'émerveiller de ces sciences qui se baladent entre l'infiniment grand du cosmos et l'infiniment petit de la matière. Vous appelez cela la cosmologie et je regrette de ne pas pouvoir retourner à mon époque pour en parler à mon chaman car les Néandertaliens avaient eux aussi leur cosmogonie. Cependant, s'il y a bien une expansion de l'Univers, il est possible d'observer à l'aide d'un télescope les étoiles que nous contemplions, nous autres Néandertaliens et vous autres *Sapiens*, dans le ciel il y a plus de 30 000 ans. Depuis, elles n'ont pas cessé de s'éloigner les unes des autres, comme nos destins.

Toutes ces découvertes se lient à des progrès technologiques vertigineux avec de nouveaux matériaux légers, fins, solides qui n'ont jamais existé dans la nature. Je suis très impressionnée par la puissance et la diversité des applications des nouveaux lasers. Et puis j'ai repéré cette découverte particulièrement ingénieuse : des chaussures dont la semelle ne glisse pas, même sur les sols les plus traîtres. Si nous avions eu de telles chaussures pendant les âges de glace… Formidables aussi, ces cellules photovoltaïques dites *pérovskites,* qui améliorent considérablement la captation de l'énergie solaire. Mais, sans vouloir vexer vos remarquables ingénieurs, j'observe que la peau claire pour synthétiser la vitamine D nécessaire à nos beaux et solides squelettes, c'est d'abord chez nous, les Néandertaliens, qu'on la trouve. Nous sommes les premiers humains photovoltaïques (avec nos cousins de Denisova de l'Altaï : des photo-altaïques…). Ce qui nous amène à la paléoanthropologie.

Une année dans l'évolution de l'humanité

L'année 2013 a été une grande année paléoanthropologique, et tout particulièrement pour nous, les Néandertaliens. Mais, par respect, commençons par nos ancêtres, à vous et à moi, les plus anciens.

Une étude de la boîte crânienne de Toumaï du Tchad, le célèbre *Sahelanthropus tchadensis,* datée de 7 millions d'années, révèle qu'il a une organisation des zones cérébrales plus proche de nous que de celle des chimpanzés[69]. Ce qui en fait le plus ancien représentant connu de la lignée humaine (je précise à nouveau, pour vous et moi).

Son grand concurrent est *Orrorin tungenensis* du Kenya, âgé de 6 millions d'années. Le fémur de ce dernier confirme des aptitudes à la marche debout déjà évoluées. Le problème est qu'on ne connaît rien de sa boîte crânienne tandis que sa mandibule montre des caractéristiques plutôt archaïques. Toumaï conserve donc une tête d'avance, en attendant qu'on trouve ses jambes, au risque – qui sait ? – qu'il ne trébuche sur la ligne de départ de l'aventure humaine.

Voilà pour les plus anciens qui se disputent l'honneur insigne d'être le premier représentant de la lignée humaine. Ça bouge aussi chez les australopithèques, notamment pour ceux qui prétendent être proches des origines du genre *Homo* entre 3 millions et 2 millions d'années en Afrique, autrement dit, tous les hommes qui viendront après (dont nous). Il s'agit d'une étude approfondie de l'anatomie d'*Australopithecus sediba* d'Afrique du Sud, qui possède une bipédie vraiment particulière avec des mâchoires et des dents évoquant les premiers hommes. À noter aussi l'annonce d'une autre forme d'hominidé fossile en Afrique du Sud – appelée le « berceau de l'humanité » – et qui promet de belles surprises. C'est aussi au cours de l'année passée qu'on a mis au jour, à Olduvai, en Tanzanie, le fossile d'un *Paranthropus boisei* ou australopithèque dit « robuste » – un descendant de Lucy et contemporain des premiers hommes, avec des os du crâne et des membres appartenant à un même individu. Il marchait debout, vivait en partie dans les arbres et avait des membres tout aussi robustes que ses mâchoires.

Tout cela nourrit des discussions aussi savantes que passionnantes, avec en filigrane des questions portant sur les évolutions des jambes et de la tête qui, si je puis dire, ne marchent pas de concert. Les paléoanthropologues parlent d'évolution en mosaïque, ce qui veut dire que ce n'est pas simple. Pourquoi ? Parce que les fossiles sont fragmentaires et il est assez rare de découvrir des fossiles dont on soit certain que le haut va avec le bas, comme la célèbre Lucy qui vient de fêter ses 40 ans.

Passons aux premiers hommes ou au genre *Homo*. Cela se passe aussi en Afrique, entre 3 et 2 millions d'années. Mais la situation demeure difficile à démêler en raison de la diversité des australopithèques, comme *Australopithecus sediba*, et celle des fossiles d'un statut humain discutable. Une partie de la réponse ne vient pas d'Afrique, mais de Dmanisi, en Géorgie, vers 1,8 million d'années. Et là, nous ne sommes plus en Afrique. On l'a vu, les hommes, le genre *Homo*, partent d'Afrique et se dispersent assez vite en Eurasie, dont une porte géographique est le corridor de la mer Noire, où nous sommes présentement. Les fossiles de Dmanisi exhibent une grande diversité morphologique et, comme ils sont tous issus du même site et de la même époque, ils permettent de comprendre que les premiers représentants du genre *Homo*, en dépit de leurs variations anatomiques, appartenaient bien à une seule et même espèce. Ce sont tous des *Homo erectus* avec des différences locales et régionales importantes, fait plutôt banal quand une espèce se disperse. Puis, interviennent des processus de sélection entraînant une réduction de la diversité des caractères avec, le plus souvent, l'émergence de nouvelles lignées : c'est ce qui se passe par la suite pour le genre *Homo,* désormais réparti sur trois continents.

Et ça bouge aussi avec *Homo erectus*, notre ancêtre humain commun à vous et à moi. Des études sur des os de la main et de l'épaule confirment sa grande dextérité et son habileté au lancer, ce que les grands prédateurs n'ont pas compris assez vite puisque leur extinction se corrèle, justement, avec l'expansion des premiers hommes. De son côté, l'archéologie préhistorique confirme que les inventions des armes de jet, comme ces javelots composites découverts en Éthiopie et datés d'environ 300 000 ans, confectionnés avec une hampe en bois et une pointe en pierre, précèdent l'apparition de nos lignées respectives. Ce que l'on pensait être le propre d'*Homo sapiens* et en partie des Néandertaliens provient en réalité d'un héritage commun infiniment plus complexe que ce que veulent bien admettre encore trop de paléoanthropologues. Héritage dont font partie l'usage et la maîtrise du feu, il y a plus de 1 million d'années.

Et, si je peux m'exprimer ainsi, ça bouge encore plus pour ma lignée, celle des Néandertaliens. Les chercheurs ont réussi à trouver de l'ADN mitochondrial dans l'os d'un individu de la Sima de los Huesos, à Atapuerca, le plus grand site préhistorique du monde dans le nord de l'Espagne avec ce « puits aux ossements », une « chapelle ardente » où une trentaine d'individus des deux sexes et de tous âges ont été disposés intentionnellement.

Il date de 400 000 ans et s'inscrit dans l'émergence de ma lignée, mais avec une surprise de taille : on trouve de l'ADN d'un groupe humain également identifié à partir de l'ADN mitochondrial fossile d'une phalange de Denisova, dans l'Altaï, aux confins de la Sibérie. Ces mystérieux habitants de Denisova semblent représenter une lignée humaine différente de la vôtre et de la mienne qui se serait individualisée il y a environ 1 million d'années, mais où ? En Asie centrale ou en partie en Europe ?

Plus surprenant encore, le séquençage presque complet du génome d'une femme de Neandertal âgée de 50 000 ans, qui se trouve issue de ce même site de Denisova. Il en ressortirait que les Dénisoviens et les Néandertaliens ainsi que leurs ancêtres se sont beaucoup promenés en Eurasie depuis 500 000 ans et on peut là aussi s'attendre à des surprises, notamment du côté de la Russie. Cet ADN montre également que ces derniers Néandertaliens manifestent un fort taux de consanguinité, en relation certainement avec le déclin démographique de mon peuple. Et pourtant, nous étions tout aussi évolués que vous. Les archéologues confirment l'organisation complexe de nos habitats, l'invention des premières culottes, et le fait que nous enterrions intentionnellement nos défunts (cela, on le sait depuis plus d'un siècle). Et puis, c'est nous qui vous avons légué le lissoir mis au jour dans une grotte en France bien avant que vous ne rôdiez dans ce coin avec, sur le dos, des vêtements confectionnés à partir de matériaux végétaux. Ces grands os de côtes de bovidés servaient à travailler les peaux, ce qui vous a permis de vous habiller en prévision des hivers rigoureux des âges de glace. String et fourrure : cela me rappelle Raquel Welch – joliment néandertalienne – dans un film parodique qui se déroulait dans la préhistoire…

De si petits mondes

Que la préhistoire est belle éclairée par les avancées des connaissances en paléoanthropologie ! Mais, de mon point de vue, si elle se termine par votre triomphe, celui-ci ne fait que traduire votre solitude. Et, de ce fait, j'ai le sentiment que vous ne comprenez pas bien ce qu'est l'évolution. Trop de vos contemporains la contestent tandis que d'autres se méprennent sur ce qu'elle est. Votre succès évolutif, conjugué aux progrès extraordinaires de vos sociétés et de votre qualité de vie, laisse à penser que vous êtes arrivés au terme de l'évolution et que, dorénavant, l'humanité de demain sera guérie de tous les maux – maladie, souffrance, mort – grâce aux nouvelles technologies. Finie la préhistoire, finie l'histoire : demain sera le temps du posthumanisme. Est-ce aussi sûr ?

En fait, nous avons tous coévolué avec les communautés écologiques du passé, en particulier, celles, d'une grande diversité, des micro-organismes. 100 000 milliards de bactéries et autres colonisent et habitent notre corps. C'est le *microbiote* et nous sommes des *Homo microbicus* selon l'Académie des sciences[70]. Coévolution avec les écosystèmes du passé, mais aussi coévolution consécutive aux choix alimentaires de vos sociétés ancestrales depuis l'invention de l'agriculture – comme la consommation de lait ou de fèves – qui ont exercé une sélection sur vos systèmes immunologiques. Les populations de nos ancêtres respectifs sont passées par des phases de sélection qui, au fil de la succession des générations, ont construit nos défenses immunitaires. Mais, une fois que les populations se sont « adaptées » par voie de sélection, les agents pathogènes sont devenus moins virulents et, ce qu'on commence à comprendre, nous protègent de maladies émergentes plus graves, même si une partie des individus se montre plus affectée que d'autres par ces maladies devenues habituelles. C'est le *fardeau de l'évolution*.

Seulement, les progrès de la médecine ont été tels avec l'hygiène, la vaccination et les antibiotiques qu'on avait oublié cela. Et c'est bien ce qui est arrivé avec les maladies dites nosocomiales : en éliminant dans les blocs opératoires des bactéries incommodantes, mais dont on maîtrisait plus ou moins bien les effets pathologiques, on a favorisé l'arrivée de bactéries qui, jusque-là, ne pouvaient pas se développer et avec lesquelles nous n'avions pas coévolué. Ainsi, l'évolution, ou plus exactement la coévolution, ne cesse jamais.

Une solution serait de tout aseptiser. Mais toutes les tentatives d'isolement ont échoué. On ne sort de l'évolution que par la mort.

Vos immunologistes décrivent trois grands types de microbiotes parmi les populations actuelles d'*Homo sapiens*. Ils constituent une assurance-vie pour votre espèce et la médecine apprend à en faire nos plus efficaces alliés contre les maladies, autrement dit pour la prévention et la guérison. En tout cas, vos chercheurs décrivent des relations complexes entre le cerveau et vos viscères, à commencer par votre système digestif. L'état, pour ne pas dire l'humeur, de votre microbiote viscéral influence vos pensées, vos actions, vos envies, vos émotions… et vos amours.

Certains disent qu'on le sait depuis longtemps, en tout cas de façon empirique : c'est la prétendue sagesse des Anciens. Certes, et je vous le confirme, pour nous les Néandertaliens comme pour les cultures humaines de votre époque, toutes les sociétés possèdent des savoirs utiles pour elles et pour les autres[71]. Mais le rôle de vos admirables sciences et médecines est d'en constituer une connaissance objective et une pratique efficace. Car, franchement, je m'étonne par exemple de la recrudescence de la tuberculose dans vos sociétés modernes tout simplement parce que trop de personnes refusent le risque – minime – de la vaccination. Tout comme me paraît dérisoire votre inquiétude sur l'éventualité d'une catastrophe venue du ciel sous la forme d'un astéroïde alors que vous ne préservez pas ce qui reste de vos diversités et n'agissez pas face au réchauffement climatique. Si vous perpétuez vos impérities à ce rythme, le prochain météorite ne fera pas beaucoup de dommages chez des *Homo sapiens* qui auront disparu depuis longtemps ! Vous nous avez éliminés sans en prendre conscience et sans volonté de nous nuire. Cette fois, c'est de vous qu'il s'agit et en tout déni de conscience. J'aimerais savoir ce que dirait votre cher Rabelais s'il constatait votre défaut de conscience devant la science. Il devient urgent pour vous de retrouver du bon sens grâce aux sciences et de comprendre la coévolution avec la multitude des organismes qui nous entourent, des plus minuscules au plus grands.

Il y a un siècle, vos savants nous décrivaient comme des bêtes des cavernes. Je vous épargne la description d'un de vos grands auteurs de science-fiction : le fameux Herbert G. Wells, élève de Thomas Huxley et ami de son petit-fils Julian Huxley, évolutionniste et premier secrétaire général de l'Unesco. Néanmoins, c'est dans *La Guerre des mondes* (1910) que l'on trouve la meilleure compréhension de la coévolution. En effet, qui sauve l'humanité de l'invasion venue de Mars ? Le microbiote. Voici les derniers propos du livre, ceux du commentaire final du film de votre génial Steven Spielberg : « Car tel est le résultat, comme j'aurais pu d'ailleurs, ainsi que bien d'autres, le prévoir, si l'épouvante n'avait pas affolé nos esprits. Les germes des maladies ont, depuis longtemps, depuis le commencement des choses, prélevé leur tribut à l'humanité – sur nos ancêtres préhistoriques, dès l'apparition de toute vie. Mais, en vertu de la sélection naturelle, notre espèce a depuis lors développé sa force de résistance ; nous ne succombons à aucun de ces germes, sans une longue lutte, et contre certains autres – ceux, par exemple, qui amènent la putréfaction des matières mortes – car notre carcasse jouit de l'immunité. Mais il n'y a pas, dans la planète Mars, la moindre bactérie, et dès que les Martiens arrivèrent, aussitôt qu'ils absorbèrent de la nourriture, nos alliés microscopiques se mirent à l'œuvre pour leur nuire [...]. L'homme a payé, au prix d'un lourd tribut de millions et de millions de morts, sa possession héréditaire du globe terrestre : il lui appartient contre tous les autres intrus, et il serait encore à lui, même si les Martiens étaient dix fois plus puissants. Car l'homme ne vit ni ne meurt en vain. »

Une dernière remarque à propos de la préhistoire. Je suis très agacée par ces prétendus savants, ces gourous qui n'arrivent même pas à la cheville de nos chamans, qui prétendent pompeusement que pour soigner vos sociétés malades de sédentarité et d'obésité, vous devriez adopter un régime alimentaire préhistorique. Nous autres Néandertaliens mangions beaucoup de viande, ce qui est normal sous des climats froids : pas le choix, car l'essentiel de la nourriture se trouvait sur pattes (et pas sur des racines). Mais quand vos experts diététiciens affirment qu'il faut retrouver un régime alimentaire de Cro-Magnon pour réduire l'obésité, ils oublient de vous dire qu'il faut aussi courir après la bête. En ce temps-là, notre espérance de vie ne dépassait pas la quarantaine et je peux vous assurer que nous aurions bien aimé vivre à votre époque. Âge de glace ou crème glacée ; le choix se fait sans hésiter. Alors mangez des fruits et légumes, bougez-vous et cultivez votre microbiote !

Conclusion : préhistoire et transhumanisme

Au terme de cette adresse, je ressens un certain malaise car j'ai le sentiment de revenir dans un monde qui n'accepte pas ce que je suis, entre un passé récent pas encore complètement élucidé et un avenir plus qu'indécis. Tout cela se rejoint dans une seule et même problématique, celle de l'évolution. Je suis une fille tout aussi légitime qu'inattendue des sciences de l'évolution et il semble que beaucoup de femmes et d'hommes rejettent à la fois l'évolution et les promesses des sciences modernes. Ils pensent l'humanité comme suspendue entre une préhistoire honteuse et un avenir utopique pour les uns, apocalyptique pour les autres. Et le fait que vous soyez l'ultime espèce survivante et conquérante de la lignée humaine ne vous aide pas à comprendre le caractère inouï de votre place dans l'histoire de la vie. Alors, êtes-vous le firmament de l'évolution ou la dernière espèce d'une lignée appelée à disparaître tôt ou tard ? Telle est la vraie question.

La paléoanthropologie décrit une singularité de l'évolution humaine : la survivance d'une seule espèce. Depuis le début du IIIe millénaire de l'ère chrétienne, l'uniformisation et la mondialisation de vos modes de vie distillent l'idée d'une fin de l'histoire, ou plus précisément la fin d'une certaine conception de l'histoire moderne associée aux notions de progrès et d'humanisme. L'Europe, notre chère Europe, a fondé, développé et répandu ces deux grands universaux. Mais, aujourd'hui, elle semble ne plus y croire. Même si l'heure universelle se cale sur ses méridiens, elle semble ne plus maîtriser le rythme des changements en cours, entre l'éveil de l'Extrême-Orient et les promesses de l'Extrême-Occident. Car si ma présence devant vous exprime le renouveau des sciences russes, il serait grand temps que la vieille Europe, si elle ne veut pas connaître à nouveau un sort néandertalien, se réveille entre les mondes robotisés des pays d'Asie orientale et ce qui émerge en Californie autour de l'Université de la Singularité[72]. Les formidables géants que vous appelez les GAFA (Google, Amazon, Facebook, Apple) réfléchissent et s'activent pour construire un monde qui a déjà basculé dans un autre réel, plus ou moins imaginaire. Et, pour ce faire, ils ont créé ce qu'on appelle donc l'Université de la Singularité (Singularity University), en 2008, au sud de la baie de San Francisco.

Votre monde est en train de changer très vite, à la fois en raison de votre multitude et de vos activités – et de leur impact sur le climat et les diversités –, mais aussi du fait des transformations de vos modes de vie par les usages des NTIC. Alors, est-ce que l'humanité bascule dans un autre monde avec de nouvelles promesses ? C'est ce que pensent les partisans, très actifs, du *transhumanisme*.

Ces artisans d'une nouvelle humanité s'appuient sur les apports espérés des NBIC pour résoudre ce qu'ils considèrent comme des anomalies de l'évolution (ou tout simplement de la vie) : les maladies et la mort. Des intellectuels, très critiques, évoquent une attitude dite « solutionniste » selon laquelle les techniques résoudraient les problèmes de la vie. Est-ce si nouveau ? Nullement.

À chaque avancée significative des sciences et des techniques, les sociétés ont nourri de grandes utopies avec cette même rengaine : la vie éternelle, la fontaine de Jouvence, la fin des maladies… bref, l'idée que nous pouvons sortir de notre condition d'humains et de mortels. Donc, rien de nouveau sous la Lune, de René Descartes à Ray Kurzweil en passant par Villiers de l'Isle-Adam, Mary Shelley et Martin Heidegger, si ce n'est des moyens techniques et financiers comme jamais dans l'histoire de l'humanité avec le soutien de géants : Google, Amazon, Facebook et Apple – et autres. Avons-nous basculé dans la science-fiction ?

Les plus grands auteurs de science-fiction se sont toujours intéressés à la préhistoire et à l'existence d'un monde ou d'une humanité composés d'espèces humaines ou humanoïdes différentes (qu'elles soient terrestres, extraterrestres ou qu'il s'agisse de robots). Évidemment, je ne m'attendais pas à faire le lien entre ces deux mondes, la préhistoire par mes gènes et le transhumanisme par mon existence. Les civilisations de l'Extrême-Orient, comme le Japon et la Corée du Sud sont déjà dans des sociétés où les humains interfèrent avec des machines humanoïdes auxquelles on confère des propriétés humaines et auxquelles, déjà, s'associent des réflexions éthiques. Il en sera bientôt de même en Californie puisque la

Singularity University annonce bien une rupture, une singularité au sens des physiciens : un autre monde dans lequel de nouvelles lois et de nouvelles éthiques, autrement dit un nouvel humanisme, doivent s'inventer. C'est vertigineux mais n'est pas sans rappeler ce qu'ont expérimenté avant nous Néandertaliens, *Sapiens*, Dénisoviens et d'autres : une humanité composée de différentes espèces avec des *Sapiens*, quelques Néandertaliens de retour comme moi, des robots humanoïdes et, pourquoi pas, des « animaux », dont les grands singes capables de communiquer avec nous. Et cela risque de générer de formidables inégalités entre les populations sapiennes avec des conséquences que personne ne maîtrise, dont la disparition probable d'une partie de l'humanité, comme pour les Néandertaliens.

Vous pourriez me faire remarquer : en quoi cela vous concerne-t-il ? En quoi une Néandertalienne d'origine russe née au cœur de l'Eurasie peut-elle entendre quoi que ce soit à ce qui se passe actuellement sur les rives occidentales et orientales de l'océan Pacifique ? Elle le peut, tout simplement, parce qu'il y a un siècle, les savants russes ont développé des programmes de recherche sur le rajeunissement et les modifications du corps qui dépassent l'imagination de vos meilleurs auteurs de science-fiction, à l'exception très notable de H. G. Wells*. Or vos nouveaux démiurges transhumanistes semblent largement l'ignorer car ils sont trop tournés

* Voir chapitre 4, « Darwin en Russie ».

vers leurs utopies pour s'intéresser à l'histoire. Et que nous dit l'histoire ? Au cours du xxe siècle, des machines utilisées par des hommes ont détruit des millions d'autres hommes avec une ampleur inouïe, notamment pendant les deux guerres mondiales. Alors, si les techniques édifient un monde qui suit de plus en plus ses propres logiques technicistes, qu'en sera-t-il de l'humanité de demain comme le redoutait déjà le philosophe Martin Heidegger ? En recherchant la vie éternelle, l'homme crée les moyens de sa propre destruction : une apoptose. L'humanité d'aujourd'hui, et à laquelle j'appartiens, est donc bien au bord d'une singularité : tenir à la fois le monde dans la paume de sa main et la possibilité de le détruire en appuyant sur un bouton[73]. Tenir le monde dans sa main, est-ce si nouveau ? En fait, déjà du temps de l'expansion de votre espèce il y a plus de 40 000 ans, vous les *Homo sapiens* avez toujours manifesté une étrange volonté de vous approprier la Terre et, partout où vous avez mis les pieds, les préhistoriens trouvent des grottes dans lesquelles vous avez apposé et peint vos mains.

Mon intention n'est pas de critiquer les sciences et les techniques auxquelles je dois mon existence. Cependant, toutes ces promesses transhumanistes oublient ce qu'est l'évolution. L'homme n'est pas arrivé au terme de son évolution. Et son organisme, à commencer par son cerveau, recèle des potentialités encore insoupçonnées et inexprimées. En leur substituant des artefacts technologiques, ne risque-t-on pas de les négliger, voire de les contrarier ? Les progrès des pays occidentalisés depuis la Seconde Guerre mondiale en matière d'espérance de vie et de santé n'avaient été envisagés par personne ; en tout cas, pas dans un projet de type transhumaniste. Même si les techniques et les technologies y ont participé – ô combien, notamment en médecine –, c'est bien pour améliorer la condition de vie des humains, donc par humanisme et non par le désir égoïste et élitiste d'un prolongement individuel de la vie. Les sciences et les techniques participent d'une société, et celle-ci peut en faire soit un progrès, soit un désastre, comme on l'a vu en Union soviétique où ont alterné les périodes prometteuses avec les plus sombres. Car ce qui se passe actuellement sur les côtes de la Californie s'est déjà joué il y a un siècle avec les sciences russes puis soviétiques avant que tout cela ne sombre dans un monde si bien décrit par George Orwell. Surtout, il est crucial de ne pas négliger l'environnement car à quoi bon tous ces progrès scientifiques s'ils doivent se faire dans des environnements de plus en plus dévastés[74] ? Il s'agit ni plus ni moins d'évolution bien comprise pour les générations futures[75]. La grande idée d'hominisation n'a jamais été une loi de l'évolution tout orientée vers la domination de votre espèce sur la Terre[76]. Il s'agit, bien au contraire, d'un principe de responsabilité et la paléoanthropologie comme le sort des Néandertaliens devraient vous inciter à plus de sagesse pour construire une vraie politique de civilisation[77] pour les générations futures.

La fin des Néandertaliens

Le temps est venu de vous quitter. J'ai beaucoup parlé de vous et de votre époque, peu de la mienne. Évidemment, j'ai bien conscience que vous espériez en savoir plus sur notre cohabitation il y a à peine 30 000 ans comme sur le pseudo-mystère de la disparition des Néandertaliens. Je n'avais pas vraiment conscience de cette tragédie et, grâce à vous – grâce à vos chers paléoanthropologues –, je sais que j'appartenais aux dernières populations européennes. Y a-t-il une seule raison expliquant notre extinction ? Celle-ci ne se corrèle-t-elle pas avec un événement catastrophique majeur, comme l'éruption du volcan Toba des îles de la Sonde il y a 75 000 ans ou encore celui à l'origine des champs Phlégréens de la Campanie, là où se trouve le Vésuve, il y a 36 000 ans ? La première a perturbé le climat de la Terre. La seconde a frappé au cœur des régions néandertaliennes. Ces deux dates font suite, respectivement, à l'expansion d'*Homo sapiens* sur la Terre depuis l'Afrique et au déclin des Néandertaliens. Mais est-ce suffisant ? Cette période correspond à un stade climatique clément, dit stade isotopique 3, placé entre les pics glaciaires dits du Würm II et III. On ne peut donc pas invoquer un brusque refroidissement, d'autant que le maximum glaciaire le plus intense se manifeste après la disparition des derniers Néandertaliens.

J'ai le regret de vous dire que le seul facteur nouveau est l'arrivée des *Homo sapiens* : vous ! On ne peut même pas évoquer un choc épidémiologique, comme pour ces dizaines de millions d'Amérindiens exterminés par les agents pathogènes apportés par les Européens au XVIe siècle. Nous avons cohabité et échangé avec les *Sapiens* pendant des milliers d'années. Il y a eu évidemment des conflits entre nos microbiotes, mais rien de dramatique. Même pas un génocide organisé, qui semble être une spécialité très marquée dans vos sociétés historiques qui feraient bien de s'inspirer des milliers d'années de cohabitation entre plusieurs espèces d'hommes. La préhistoire n'a jamais été un paradis à la Rousseau ; mais rien à voir avec les horreurs organisées des temps modernes.

Il s'agit d'une banale extinction entre deux espèces dont les niches écologiques ne sont pas assez distinctes pour éviter la concurrence pour les mêmes ressources et les mêmes abris. Au fil du temps, vous occupez les meilleurs habitats tandis que les populations néandertaliennes se fragmentent, se retrouvent dans d'ultimes refuges, et disparaissent par vieillissement et perte de fécondité. Il faut bien le reconnaître, vous aviez une organisation sociale plus efficace alors que nous étions biologiquement mieux adaptés[78]. Nous n'avons pas su ou pas voulu évoluer.

Peut-on en tirer une leçon pour votre avenir à vous, les *Homo sapiens* ? Comment ne pas avoir confiance dans l'avenir avec cette effervescence scientifique, ces innovations technologiques et ces dynamiques entrepreneuriales partout dans le monde qui constituent une nouvelle étape dans l'évolution de la lignée humaine ? D'une certaine façon, le rêve cosmique de Pierre Teilhard de Chardin se réalise sur une planète où toutes les femmes et les hommes sont reliés par leurs intelligences et celles des réseaux : la noosphère. Mais revenons sur Terre. Ce ne sera pas facile et, en tant que Néandertalienne, je crains aussi votre penchant pour la destruction. Il y a un peu plus d'un siècle, au moment où on se disputait sur le statut humain de mon peuple néandertalien, au cœur de la Belle Époque, l'Europe et surtout la France annoncent le progrès par les sciences, les techniques et les arts nouveaux et renouvelés. Mais les conservateurs, surtout les vieux mâles qui détiennent le pouvoir, détestent ces mondes de jeunes enthousiastes et créatifs qu'ils ne maîtrisent pas ; et ils les enverront dans l'enfer des tranchées. L'Europe ne s'est jamais remise de ce désastre et, d'un point de vue évolutionniste, on n'a jamais vu une espèce sacrifier la moitié de sa jeunesse. Pour la petite comme pour la grande histoire, le déclenchement de la Première Guerre mondiale se fait l'année de la publication par Marcellin Boule de la première grande monographie scientifique sur l'homme de Neandertal de La Chapelle-aux-Saints. Un siècle plus tard, vous savez ce qu'il en a été de notre sort pour ne pas avoir compris le changement du monde.

Avec tout ce que j'ai appris grâce à vous et aux sciences, je m'aperçois que vous commettez toujours les mêmes erreurs. Vous faites trop confiance aux chamans qui refusent d'admettre votre responsabilité sur les changements en cours et vous promettent des mondes meilleurs dans des terres et des temps incertains : les marchands d'utopies. Bien sûr, des catastrophes naturelles viendront du ciel ou jailliront de la Terre. Mais ne comptez pas trop sur de tels événements pour vous dédouaner d'ici la fin du XXIe siècle[79]. Les météorites et les volcans ne font tomber que les espèces et les civilisations déjà fragilisées. Je témoigne donc des conséquences des migrations des *Sapiens* il y a 40 000 ans : une affaire d'hommes à hommes sanctionnée par notre disparition. Et demain ? Ce sera une affaire d'*Homo sapiens* à *Homo sapiens* avec des réfugiés climatiques sur une planète surpeuplée et vieillissante. À bientôt ?

Voilà où nous en sommes avec nos histoires de famille. En attendant d'autres révélations auxquelles je compte bien participer... Les Européens de l'Ouest actuels, qui peuvent être légitimement fiers de leur union politique après des millénaires de conflits, devraient s'inspirer de la *Pax neanderthalia* qui a régné pendant des dizaines de millénaires sur ce bout de continent trop souvent à la dérive, non pas tectonique, mais de ses peuples dont les querelles menacent la paix du monde. Vous devriez mettre un profil de Néandertalienne au centre des étoiles du drapeau de la Communauté européenne ; et le mythe d'Europe me sied parfaitement[80]. En attendant, et contrairement à ce que j'ai pu lire, les derniers des Néandertaliens ne survivaient pas dans l'ultime refuge du sud de la péninsule Ibérique (Gibraltar, Zafarraya, Lagar Velho...), mais aussi du côté du Caucase et par-delà l'Oural, dont je suis l'ambassadrice inattendue et non pas prophétique ; en tout cas, je l'espère. Si nous ne restons pas unis dans la diversité, nous nous retrouverons tous au Paradis des Néandertaliens et là, pas question de nous en chasser.

Je vous quitte et je le fais en me permettant de reprendre un aphorisme de votre magnifique Rabelais – qui devait avoir beaucoup d'ADN de Neandertal : *sciences et techniques sans l'évolution risquent d'être la ruine de votre espèce*. Autrement dit, le temps n'est-il pas venu pour vous de devenir de vrais *Homo sapiens* ?

DEUXIÈME PARTIE

À l'est d'*Homo*

Tout le monde connaît l'East Side Story d'Yves Coppens, ou devrait la connaître. À partir d'une synthèse au début des années 1980 des connaissances disponibles en paléontologie (les plus anciens fossiles d'australopithèques, dont la mascotte Lucy, se trouvent à l'est), de la géologie (déformation des vallées du grand Rift africain), de la biogéographie (les grands singes vivent à l'ouest du Rift) et de la génétique (séparation de la lignée des hommes et de celle des chimpanzés actuels vers 6 millions d'années), il propose un modèle qui installe l'émergence de la lignée humaine en Afrique orientale. Il le nomme East Side Story, faisant un double écho au succès de la comédie musicale *West Side Story* et à la présence du sinistre rideau de fer. L'expression ravit les habitants de New York, un peu moins ceux de Moscou[1].

Depuis, bien des os sont passés entre les mains des paléoanthropologues et le mur de Berlin est tombé. Entre Toumaï à l'ouest et *Orrorin* à l'est, c'est devenu la Which Side Story. Cela s'appelle « danser avec l'évolution[2] » et ainsi font la science et la danse. Mais, pour les périodes plus récentes de l'aventure humaine, on a peut-être oublié un peu vite la grande tradition des ballets comme de la préhistoire russe. En fait, la Dame de Mezmaiskaya arrive comme une première étoile sur une scène scientifique et anthropologique trop longtemps restée dans les coulisses de l'histoire du XXe siècle. Il est temps de regarder d'un peu plus près ce qui se passe à l'est de l'Europe pour les sciences de l'évolution et de la préhistoire, car depuis quelques années, et surtout très récemment, les recherches en archéologie préhistorique, en paléoanthropologie et en paléogénétique venant de Russie décrivent comment s'est dessinée notre humanité moderne entre les rives de l'Atlantique et celles du Pacifique et entre les rives de la mer Noire et celles de la mer Caspienne.

CHAPITRE 1

Glasnost sur la préhistoire russe

L'histoire de la préhistoire et de la paléoanthropologie a longtemps été marquée par sa naissance dans une Europe qui dominait le monde. On a eu tendance à considérer que tout avait commencé sur le Vieux Continent, à la fois pour la culture et la biologie, chaque type d'homme préhistorique étant associé à un faciès technico-culturel : le Moustérien pour l'homme de Neandertal, l'Aurignacien pour l'homme de Cro-Magnon. Il fut même un temps où on imagina que les différents types de ces hommes de Cro-Magnon découverts en France étaient à l'origine des grandes « races » : ceux de Grimaldi ou Menton pour les « Noirs » ; ceux de Chancelade pour les « Jaunes » et ceux de Cro-Magnon pour les « Blancs ». La France, mère des hommes et des civilisations…

L'Europe du début du XXe siècle se lance dans sa « mission civilisatrice », ce que Rudyard Kipling appelle le « fardeau de l'homme blanc ». De grandes entreprises s'engagent dans l'aventure, comme Citroën avec ses croisières automobiles. Les plus célèbres restent la deuxième, dite la « Croisière Noire » et la troisième, la « Croisière Jaune ». (La première traverse le Sahara dans les années 1920 : c'est l'ancêtre du Paris-Dakar qui conserve toujours sa tare colonialiste.) La Croisière Noire part de l'Afrique du Nord en 1924 et se divise en plusieurs destinations, dont l'une arrive au Cap en 1925. Ironie de l'histoire, c'est là que l'on découvre le premier australopithèque, mais la communauté scientifique occidentale refuse l'idée d'origines africaines, et ce malgré l'hypothèse de Darwin proposée en 1871. En fait, quitte à abandonner le berceau européen, autant chercher du côté de l'Asie. La Croisière Jaune quitte Beyrouth en 1931 et arrive à Pékin en 1932. Parmi l'équipage, il y a Pierre Teilhard de Chardin, l'un des plus grands paléontologues de son temps. Et pas loin de Pékin, il y a les célèbres *Homo erectus* ou sinanthropes du site de Zhoukoudian découverts en 1927. Alors on continue à délaisser l'Afrique et les paléoanthropologues regardent du côté de l'Asie jusque dans les années 1980. Ce grand bond en avant et vers l'Extrême-Orient saute allègrement au-dessus de l'immense URSS.

L'abbé Henri Breuil, premier professeur de préhistoire au Collège de France et maître de Teilhard de Chardin, disait que s'il y a un berceau de l'humanité, il doit être à roulettes : les hommes de la préhistoire se déplaçaient sur de grandes distances et les objets circulaient sur de plus grandes distances encore. La critique à la fois la plus pertinente et la plus drôle de l'idée que l'Europe serait le berceau de l'humanité se lit au chapitre 8 de *Pourquoi j'ai mangé mon père* de Roy Lewis avec le compte rendu du voyage anthropologique de l'oncle Ian. Aujourd'hui, nous nous accordons enfin sur nos origines africaines, mais c'est une tout autre affaire pour ce qui concerne les espèces d'hommes fossiles disparues et leurs relations avec la nôtre : un autre chapitre de cette histoire s'écrit du côté du corridor de la mer Noire...

L'affirmation de nos origines africaines a donc focalisé les recherches sur la partie occidentale de l'Ancien Monde, négligeant l'axe est-ouest et le corridor de la mer Noire. Or, actuellement, les recherches scientifiques menées en Russie complètent et recomposent cette cartographie préhistorique, l'étendant vers l'est et révélant des mouvements de populations de différentes espèces qui ont laissé des traces dans nos génomes[1] (voir chapitre 2, « Le Neandertal Genome Projet »). Il est vrai que l'archéologie et la paléoanthropologie russes ne sont pas nées d'hier...

La préhistoire des cultures

La montée en puissance de l'Empire russe au XVIIIe siècle s'accompagne, comme partout ailleurs, d'une construction historique, d'un « roman national » selon une expression récente. Pierre le Grand édifie Saint-Pétersbourg et fonde de grandes institutions, dont le premier musée dans lequel doivent être déposées toutes les découvertes de ce qui n'est pas encore l'archéologie : c'est encore l'époque des « cabinets de curiosités ». Puis arrive le règne de Catherine II, d'origine allemande et imprégnée de l'esprit des Lumières. Elle crée le musée de l'Ermitage dédié aux œuvres de la Renaissance et de la période classique.

Au cours de la même période, les Russes poursuivent leur expansion vers le sud et, à l'issue du conflit contre les Ottomans, annexent la Crimée et les régions alentour. C'est ainsi qu'ils accèdent aux sites archéologiques du Pont-Euxin de l'Antiquité grecque. Après les guerres napoléoniennes, le XIXe siècle européen connaît de grands mouvements nationalistes, chaque nation recherchant ses « racines », notamment les peuples trop longtemps soumis à l'autorité de grands empires centraux qui s'effondreront au cours de la Première Guerre mondiale.

L'archéologie russe se développe dans les années 1850 et tout particulièrement en Crimée dans un contexte vexant après la défaite contre les puissances occidentales (alliées aux Ottomans). Le comte Alexis Ouvaroff se distingue comme le premier archéologue professionnel en Russie[2]. Il crée les premières sociétés et les premiers congrès d'archéologie dans les années 1850-1860. C'est au cours de ces mêmes décennies que les théories de l'évolution, l'anthropologie physique et l'archéologie préhistorique se développent en Europe occidentale. Mais l'archéologie russe ignore ces nouvelles disciplines, en tout cas, dans une perspective évolutionniste. On lit même encore couramment que les scientifiques russes ne se seraient pas intéressés à l'essor des théories de l'évolution, ce qui est complètement faux (voir chapitre 4, « Darwin en Russie »). Cependant, l'archéologie russe s'inscrit dans une approche historique et culturelle, pas anthropologique. Les grands pionniers de cette école inventent des techniques de fouilles modernes au cœur des méthodologies actuelles, comme le quadrillage précis pour repérer les objets dans l'espace et les grands décapages horizontaux pour mettre en évidence les connexions entre les objets et les aires d'activité. On leur doit la notion de « culture archéologique ».

Cette tradition est cueillie comme un fruit mûr par les divers bouleversements politiques de la Russie qui devient l'Union soviétique après la révolution d'Octobre. Au cours du XXe siècle, l'archéologie russe au sens large connaît des heures de gloire, des périodes de difficultés et des dérives. Le peuple des Soviets admet l'importance des diversités ethniques qui émaillent l'immense URSS. C'est d'autant plus remarquable que les idéologies universalistes du progrès pour les hommes et par les hommes manifestent peu de considération pour tous ces peuples dits « primitifs », que ces idéologies soient d'essence libérale (Herbert Spencer) ou socialiste (Friedrich Engels, Karl Marx). L'archéologie marxiste se donne pour but de reconstituer les sociétés du passé à partir de leurs moyens de production selon son credo : l'outil, c'est l'homme ! Autrement dit, les hommes et les sociétés sont le reflet des moyens de production.

C'est dans ce contexte que se développe une très grande école de préhistoire à laquelle André Leroi-Gourhan a souvent rendu hommage. Mais cela ne dure qu'un temps. Les purges staliniennes frappent aussi les archéologues, déportés dans les camps. Presque tous les peuples du corridor de la mer Noire subissent des déportations (sauf les Néandertaliens disparus depuis trop longtemps). Après la dénonciation des crimes de Staline par Nikita Khrouchtchev lors du XXe congrès du Parti communiste, l'archéologie entre dans une sorte d'âge d'or, bénéficiant d'une politique planifiée et financée, mais déconnectée du monde occidental. C'est alors que des archéologues découvrent, par exemple, le magnifique site de Süngir, un des plus emblématiques de la grande civilisation du Don du milieu du Paléolithique supérieur (20 000-29 000 ans[3]). Puis, l'Empire soviétique décline après la mésaventure afghane. Le régime soviétique et ses dirigeants se sont fossilisés. Les priorités matérialistes se jouent ailleurs. La situation s'aggrave en raison d'un archaïsme académique figé dans ses vieilles conceptions et ses privilèges. L'écroulement de l'Union soviétique entraîne l'archéologie dans sa chute. Ce n'est que progressivement qu'elle refait surface dans un contexte international en association avec le cofinancement des institutions internationales occidentales (Europe, États-Unis) et orientales (Japon, Chine, Corée). Jusqu'à aujourd'hui, l'excellence de l'archéologie préhistorique russe s'inscrit plus du côté de l'ethnographie que de l'évolution ; ce qui est en train de changer très rapidement avec la question fascinante de la transition entre les Néandertaliens et les *Sapiens*. Car tous les pays situés en marge de la Russie ont compris que l'une des périodes les plus importantes de l'histoire récente du peuplement de la Terre par notre espèce *Homo sapiens* s'est jouée dans le corridor de la mer Noire, dans les plaines centrales de Russie, dans l'Altaï et dans toute la Sibérie.

Comme toujours en préhistoire, on s'intéresse aux grottes, comme celles de Mezmaiskaya ou de Denisova qui comptent parmi les sites les plus importants du monde préhistorique connu, mais aussi aux grands sites de plein air comme Kostenki et Süngir. De tels sites sont rares, du fait de leur complexité et de leur superficie, et on comprend bien que c'est là que s'exprime la qualité de l'approche ethnographique qu'André Leroi-Gourhan a appliquée avec succès dans de grands sites archéologiques français, comme celui de Pincevent. La grande Russie éternelle est en train de faire scintiller la préhistoire de notre humanité.

Si le manque de relations académiques avec l'anthropologie du monde libre au cours du XXe siècle a favorisé la persistance de conceptions erronées, comme la morphopsychologie qui prétend révéler les caractères des personnes sur la base de leurs physionomies ou de leurs bosses crâniennes[4], les chercheurs russes cultivent une tradition plus « humaniste » des hommes préhistoriques. En effet, cet isolement relatif évite de sombrer dans les dérives des reconstitutions des hommes préhistoriques si courantes chez les paléoanthropologues occidentaux, tout particulièrement pour les Néandertaliens qui n'échappent pas au traitement péjoratif qui leur colle au crâne comme un péché originel depuis leur découverte, d'où qu'ils soient en Europe.

Guerassimov et la face de Neandertal

Si le nez de Neandertal avait été plus court et son menton plus prononcé… Dès que les fossiles de Néandertaliens ont pointé leur bout du nez hors des couches archéologiques, ils ont fait l'objet de descriptions dévalorisantes. Tandis que la plupart des paléoanthropologues occidentaux s'égarent dans des descriptions aussi grotesques que simiesques, l'anthropologue russe Mikhaïl Mikhaïlovitch Guerassimov (1907-1970) leur donne à la fois un air plus authentique et plus intelligent. Celui que l'on surnomme l'« Homme aux milles faces » se distingue comme l'un des pionniers de la reconstitution de la face à partir de la morphologie osseuse du crâne. Ce faisant, il pose les principes de la médecine médico-légale. L'une des descendantes et disciples de Guerassimov actuelles les plus talentueuses en France s'appelle Élisabeth Daynès. Et elle ne cesse, hélas, de se heurter à ces images caricaturales des hommes préhistoriques réclamées par les musées[5].

Issu d'une famille de médecins et d'artistes, Guerassimov a tout juste une vingtaine d'années quand il reconstitue la face du sinanthrope (l'*Homo erectus* de Pékin) et du Néandertalien de La Chapelle-aux-Saints mis au jour en 1908 au fin fond de la Corrèze. Un demi-siècle plus tard, en 1958, c'est au tour de l'enfant néandertalien de la sépulture de la grotte de Teshik-Tash, en Ouzbékistan. Ils sont magnifiques ! Rien à voir avec l'homme des cavernes voûté reconstitué par Marcellin Boule et encore moins avec l'« homme-ours » de H. G. Wells (« The grisly folk », 1921) ou l'« affreux petit garçon » d'Isaac Asimov (« The ugly little boy », 1958). Il serait anthropologiquement salutaire de rendre hommage au fabuleux travail de Guerassimov qui a, le premier, reconnu l'aspect humain et intelligent des hommes préhistoriques.

Il en fit de même avec l'homme de Cro-Magnon découvert en 1868 et avec un *Homo sapiens* de Markina Gora (Kostenki XIV) sur les rives du Don dans les plaines de Russie, un des plus grands sites archéologiques du Paléolithique supérieur. Selon Guerassimov, les deux avaient des caractères crâniens et des proportions corporelles qui rappellent les populations africaines. Il avait tout compris trois quarts de siècle avant la paléogénétique. Comme quoi, on peut toujours faire confiance à la morphologie osseuse bien comprise pour éclaircir les relations entre les Néandertaliens et les *Sapiens*[6]. La preuve en est que c'est justement de l'ADN extrait de ce squelette fossile reconstitué par Guerassimov qui confirmera la mixité du patrimoine génétique des Européens actuels[7]. On retrouve aussi les talents de Guerassimov comme archéologue. Il dirige la fouille du site sibérien de Mal'ta en Sibérie, fondant l'excellence de l'école russe. C'est de là que proviennent ces Vénus en ivoire sculpté, sveltes et sexy. Elles témoignent que les femmes de Cro-Magnon n'étaient pas des matrones stéatopyges, pas plus que les femmes de la Renaissance ne ressemblaient toutes à celles peintes par Rubens ou celles du siècle dernier aux œuvres de Botero.

D'après une légende, le tombeau du terrible roi mongol Tamerlan porte cette inscription : « Lorsque je reviendrai à la lumière du jour, le monde tremblera. » Guerassimov décida de reconstituer la face de Tamerlan et ouvrit son cercueil, qui se trouvait à Samarkand, le 22 juin 1941, date du déclenchement de l'offensive Barbarossa par Hitler. Très vite, les rumeurs de la malédiction s'amplifièrent dans les anciennes républiques soviétiques. Après que le terrible Mongol eut été reconstitué, le squelette fut inhumé à nouveau dans le respect des rites funéraires islamiques en novembre 1942, au moment de la victoire de Stalingrad.

Ainsi, Tamerlan repose en paix, après avoir commis tant de massacres au cours de ses conquêtes. Malheureusement, et malgré les magnifiques travaux de Guerassimov, la malédiction des Néandertaliens plane toujours sur leurs représentations sorties de l'esprit des paléoanthropologues occidentaux. C'est ainsi que les archaïsmes restent tenaces puisqu'il est encore quasiment impossible de nos jours de proposer des reconstitutions de femmes et d'hommes préhistoriques joliment habillés et coiffés[8] alors qu'on dispose des données morphologiques, génétiques et archéologiques qui attestent de leur beauté. À l'ouest, rien de nouveau pour Neandertal ; à l'est, une autre vision.

L'enfant de Mezmaiskaya : l'un des derniers Néandertaliens

Les fouilles de la grotte de Mezmaiskaya ont commencé en 1987 sous la direction du professeur Liubov Golovanova. Le site se trouve sur les contreforts septentrionaux de la chaîne du Caucase, au bord de la rivière Sukhoi Kurdzhips dans la république enclavée d'Adyguée, dans le Krai de Krasnodar (l'ancienne et mythique Circassie). Les couches archéologiques livrent des outils du Paléolithique moyen et du Paléolithique supérieur attribués respectivement à des Néandertaliens et des *Homo sapiens*. Mezmaiskaya se situe donc à une triple charnière à la fois archéologique, anthropologique et géographique au cœur de la grande question : la transition entre Neandertal et nous au cours de la période péniglaciaire de 70 000 et 25 000 ans.

Les restes de faunes sont abondants, comme ceux de bisons des steppes (*Bison priscus*), de chèvres des montagnes (*Capra caucasica*) et de mouflons asiatiques (*Ovis orientalis*) et, pour la première fois dans cette région, de rennes (*Rangifer tarandus*).

Le squelette de l'enfant de Mezmaiskaya est celui d'un nouveau-né. Il est assez bien conservé. Il a été mis dans une fosse de 40 centimètres sur 20, mais sans matériel funéraire associé. Il a été déposé sur le côté droit avec les jambes fléchies vers l'avant et légèrement décalées. Ce corps n'a donc pas été abandonné et on sait que les Néandertaliens, tout comme leurs ancêtres d'Atapuerca en Espagne il y a 400 000 ans, respectent des pratiques funéraires pour tous leurs défunts, enfants et adultes des deux sexes et de tous les âges.

Évidemment, des discussions légitimes questionnent l'identité néandertalienne de l'enfant de Mezmaiskaya et son âge géologique estimé à 29 000 ou à 39 000 ans[9]. Pour notre propos, nous retiendrons la date la plus récente en précisant que cela ne change rien pour les relations entre Neandertal et *Sapiens*. Car, contrairement au schéma prévalant jusque-là qui situait les Néandertaliens les plus récents en Europe de l'Ouest (sud de l'Espagne, centre de la France, nord et sud de l'Italie, Jura souabe...), l'enfant de Mezmaiskaya suggère une présence tardive et contemporaine des ultimes Néandertaliens avec les premiers *Homo sapiens* européens arrivant en Europe orientale. Une autre histoire de notre humanité partagée se dessine à l'est.

Grâce à tous ces bons soins funéraires et un climat propice, le collagène des os s'est bien conservé. Cela fait de cet enfant l'un des plus tardifs de son espèce et oblige à jeter un autre regard sur les relations avec les *Homo sapiens* alors que se profile le crépuscule du peuple néandertalien. Les hommes de Neandertal représentent indubitablement d'authentiques Européens et, pour des raisons historiques, les attentions des paléoanthropologues se sont portées en premier lieu sur l'Europe occidentale et une partie de l'Europe centrale, dont les Balkans. Ce sont les Néandertaliens dits classiques. Cependant, des découvertes anciennes et d'autres très récentes mettent en évidence une aire de répartition en Asie du Sud-Est (Israël, Syrie, Irak) et, à commencer par le corridor de la mer Noire, l'occupation d'une vaste région qui correspond à l'immense Russie éternelle – pour ne pas dire préhistorique – des contreforts du Caucase à la région de l'Altaï et encore plus loin (voir carte p. 123).

Depuis un quart de siècle, la paléoanthropologie se focalisait sur les origines d'*Homo sapiens* et sa formidable expansion géographique depuis l'Afrique sur le reste du monde en quelques dizaines de milliers d'années. Mais pendant que les populations sapiennes marchaient et naviguaient sur les franges méridionales de l'Eurasie, les Néandertaliens faisaient de même, mais le long de latitudes plus septentrionales. Une partie de l'histoire commune des Néandertaliens et des *Sapiens* démarre dans le corridor de la mer Noire et se retrouve en Sibérie, contournant le massif himalayen… non sans rencontrer les femmes et les hommes de Denisova !

L'Ukraine est-elle sapiens *ou néandertalienne ?*

Alors où en est-on des peuplements humains depuis la sortie d'Afrique ? Les premiers hommes venus d'Afrique s'installent il y a 1,8 million d'années en Géorgie, la région de Russie avec le climat le plus « tropical ». Ce sont des *Homo erectus* mis au jour dans le site de Dmanisi et qui présentent une grande diversité morphologique[10]. C'est aussi dans cette région qu'on trouve les plus anciens sites préhistoriques, comme au Daghestan. Puis, on perd la trace des *Homo erectus*.

Les archéologues identifient des sites du Paléolithique ancien (entre 1,5 million et 500 00 années) dans le corridor de la mer Noire, dans le nord du Caucase et plus à l'est dans l'Altaï, se rapprochant de sites anciens de Chine. Cependant, cela laisse un vide archéologique et paléoanthropologique de presque 1 million d'années, période pendant laquelle des *Homo erectus* occupent l'Europe et l'Extrême-Orient. C'est d'autant plus troublant que l'on sait qu'une lignée humaine originale, mise en évidence grâce à de l'ADN extrait d'une phalange humaine de la grotte de Denisova dans l'Altaï, se promenait en Asie centrale depuis 1 million d'années[11]. Et on a retrouvé des traces de cet ADN chez les pré-Néandertaliens d'Atapuerca en Espagne daté de 400 000 ans[12] ! Il reste encore beaucoup à découvrir et la Russie est au cœur de ce mystère.

Les premiers hommes à s'aventurer vers de plus hautes latitudes sont certainement les prédécesseurs des Néandertaliens. Viennent-ils d'Europe ou du Proche-Orient ? En tout cas, il y a de fortes chances pour qu'ils aient croisé les Dénisoviens. On sait que ces derniers ont légué des gènes liés à l'adaptation aux hautes altitudes aux peuples actuels du Tibet et de populations Han de Chine. Et on sait aussi qu'il y a eu des transferts d'ADN entre eux et les pré-Néandertaliens. Seulement, on ne connaît rien de leur anatomie ni de leurs outils[13]. En attendant, on a retrouvé des traces archéologiques de cultures du Paléolithique moyen ou Moustérien attribuées aux Néandertaliens de l'Europe occidentale en Mongolie et en Sibérie (Okladnikov). Il est même possible que les ultimes populations néandertaliennes se soient réfugiées près du cercle arctique avant de disparaître à jamais (site de Byzovaya[14]).

Quant à nous, les *Homo sapiens*, nous sommes en Afrique et dans une partie du Proche-Orient. Puis, il y a plus de 100 000 ans, nous partons d'Afrique et foulons les terres d'Australie avant de mettre le pied en Europe et en Asie centrale[15]. Pourquoi ? Parce que les Néandertaliens occupent fermement ces régions. Les plus anciennes traces avérées de l'arrivée d'*Homo sapiens* apparaissent dans le site Buran-Kaya III de Crimée, mis au jour en 1991, l'année de la fin de l'URSS. Une équipe internationale de chercheurs ukrainiens, français, allemands et tchèques – donc occidentaux – a publié récemment une étude très complète sur ces hommes du Gravettien, contemporains

L'humanité et les hommes il y a 50 000 ans

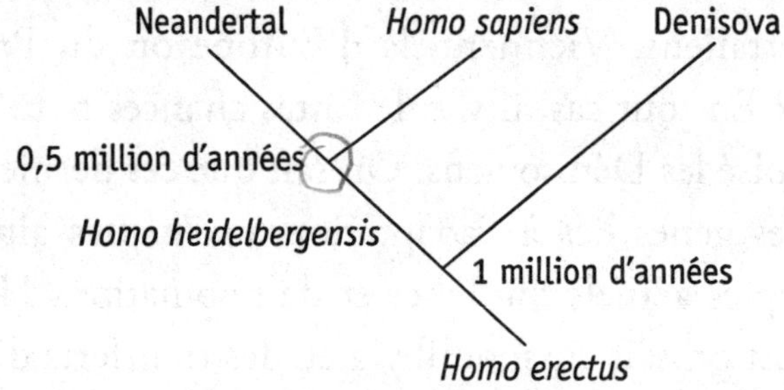

Arbre simplifié des relations phylogénétiques entre notre espèce *Homo sapiens*, les Néandertaliens (*Homo neanderthalensis*) et les encore mystérieux femmes et hommes de Denisova connus seulement par leur ADN mitochondrial. Ces derniers se sont diversifiés vers 1 million d'années, sans que l'on sache si c'est en Asie centrale – là où on les a découverts en premier, ou en Europe occidentale où l'on retrouve leur trace à Atapuerca, en Espagne. Quant aux Néandertaliens et nous, nous partageons un tronc commun appelé par commodité *Homo heidelbergensis*, avant de nous séparer de part et d'autre de la Méditerranée vers 500 000 ans.

de la grotte Chauvet[16]. Le matériel archéologique comprend des outils de pierre, des parures avec des perles et des pendeloques en ivoire de mammouth. De grands os de mammouth étaient utilisés comme charpentes pour soutenir des abris. Chose curieuse : tous les restes humains ont été brisés en petits morceaux, suggérant des rites postmortuaires ; à moins que ce soit le premier puzzle en 3D, les loisirs étant ce qu'ils étaient à cette époque, avec les Vénus sculptées et la peinture sur les parois des grottes. Pas facile de faire de vieux os au Gravettien ; et pas facile non plus pour les paléoanthropologues de notre temps…

À l'occasion de la publication de ces travaux, des chercheurs pensent tenir, enfin, des éléments qui attestent

L'expansion des Néandertaliens

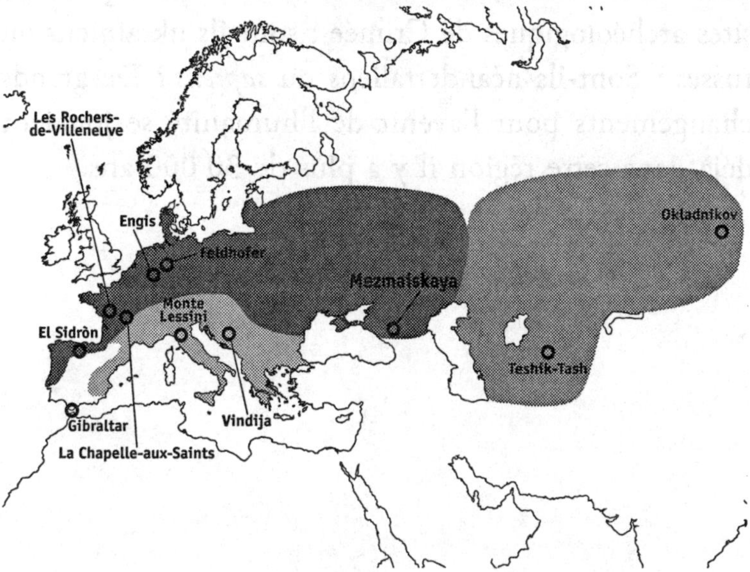

d'une migration des *Homo sapiens* depuis les plaines russes vers l'Europe. En fait, l'Europe a toujours été une sorte de cul-de-sac pour les espèces au cours de l'évolution, mais aussi pour les populations humaines. Au fil de l'histoire, les peuples d'Asie poussés vers l'ouest, que ce soit de bon ou de mauvais gré, n'ont jamais cessé de se heurter aux populations européennes. Inversement, aucune tentative d'extension vers l'est par voie terrestre n'a jamais réussi (expansion hellénique, Empire romain, Napoléon, Hitler… à part Alexandre le Grand pour quelques décennies). Les cavaliers de l'Apocalypse arrivent toujours par l'est. Seuls des Vikings ou Varègues venus du nord fondent Kiev au IXᵉ siècle, embryon de la future Russie. Ainsi, l'Ukraine a enfanté une grande nation dont elle n'arrive pas à couper le cordon ombilical. Pour l'heure, la situation reste confuse pour les sites archéologiques de Crimée : sont-ils ukrainiens ou russes ? Sont-ils néandertaliens ou *sapiens* ? De grands changements pour l'avenir de l'humanité se jouaient déjà dans cette région il y a plus de 30 000 ans.

CHAPITRE 2

Le Neandertal Genome Project

La première séquence de l'ADN d'un individu de Neandertal a été publiée en 1997 par une équipe de chercheurs du Max Planck Institute of Evolutionary Anthropology. À tout seigneur tout honneur, il s'agit d'une séquence de 379 paires de bases de l'ADN des mitochondries de l'homme de Neandertal lui-même, celui découvert en 1856 dans le site de Feldhofer dans la vallée de Neander, près de Düsseldorf. Le premier des Néandertaliens en quelque sorte, le héraut d'un peuple à redécouvrir et qui va changer l'image de l'humanité.

La génétique dévoile l'histoire de Neandertal

Pour comprendre la suite, quelques précisions sur notre ADN identique à 98,7 % entre Neandertal et *Sapiens*. L'ADN mitochondrial ou ADNmt aligne 16 000 paires de base. Tout le monde a vu passer les formules avec les lettres A (adénine), G (guanine), T (thymine) et C (cytosine) du code génétique. (Le titre du film *Bienvenue à Gattaca* joue de ces quatre lettres.) Cet ADNmt contient des zones très variables avec de forts taux de mutation et ne se transmet que de mères à enfants, ce qui permet de reconstituer des lignées évolutives de femmes à enfants. Que ce soit au niveau des gènes ou des individus, ce sont toujours les mères qui accouchent de l'histoire des hommes...

L'autre ADN est celui du noyau de nos cellules qui transmet les caractères des parents aux descendants ; c'est l'ADN nucléaire ou ADNn qui contient 3 milliards de paires de bases. Seulement, cet ADN se mélange et se recombine au moment de la reproduction sexuée, ce qui fait une belle diversité, mais n'arrange pas le travail de filiation des généticiens. Pour réunir les techniques et les moyens nécessaires est mis en place en 2006 le Neandertal Genome Project, un programme commun entre le Max Planck Institute of Evolutionary Anthropology et l'unité 454 Life Sciences de l'Institut du génome du ministère américain de l'Énergie. Les deux équipes mettent en œuvre des techniques de séquençage différentes à partir des mêmes échantillons d'ADN fossile. Ces brins nucléotidiques fossiles sont rares car l'ADN est une molécule très fragile. Elle se détériore et se fragmente très vite avec le vilain défaut de se laisser facilement contaminer par d'autres ADN, en l'occurrence celui des archéologues et des généticiens. Cela n'a pas manqué de soulever quelques problèmes de méthode, mais l'évolution prodigieuse des techniques a produit un faisceau de résultats de plus en plus solides à partir de 2010 avec la publication d'une partie du génome du Néandertalien de la grotte de Vindija, en Croatie. Pour mémoire, notre génome d'*Homo sapiens* a été décrypté en partie en 2002 et celui d'un seul individu en 2007, sans oublier le chimpanzé et le macaque dans la foulée. Et ce qui devait arriver arriva : la publication du génome complet de Neandertal à partir de trois individus de Vindija à la fin de l'année 2013.

L'ADNmt présente l'intérêt de muter rapidement et de ne pas se mélanger, ce qui permet de reconstituer l'histoire des peuplements du passé par les lignées maternelles. Un séquençage complet est publié en 2009 à partir d'échantillons de six individus d'El Sidrón (Espagne), Feldhofer (Allemagne), Vindija (Croatie) et Mezmaiskaya (Russie) : une tranche de population néandertalienne occidentale entre 60 000 et 40 000 ans. Car si les Néandertaliens d'Europe et d'une partie du Proche-Orient ne manquent pas de considération de la part des paléoanthropologues, on ne peut pas en dire autant de leurs cousins orientaux. Grâce à cet ADNmt, on en connaît un peu plus sur l'enfant de Teshik-Tash d'Ouzbékistan et cela a permis d'authentifier le fossile du site sibérien d'Okladnikov comme appartenant bien au peuple de Neandertal. Car, en fait, il n'était pas évident d'identifier cet individu de Sibérie comme tel. Pourquoi ? Parce que ses caractères morphologiques typiquement néandertaliens sont moins prononcés.

Il ressort de ces recherches sur l'ADNmt que le peuple néandertalien s'étendait de l'Europe au Proche-Orient et à la Sibérie. Les paléoanthropologues et les paléogénéticiens s'accordent pour identifier un groupe européen rassemblant les pays du Club Med (Espagne, sud de la France, Italie, Grèce), un autre dit « occidental » avec tous les autres pays de la CEE et dont les caractères néandertaliens très marqués lui valent l'appellation de « Néandertaliens classiques », enfin, un vaste groupe négligé jusque-là, sur l'Europe orientale et la Russie. Ceux du Proche-Orient se rattachent plus à ce dernier groupe. Quel succès pour le peuple de Neandertal depuis l'émergence de sa lignée en Eurasie à partir de 270 000 ans – d'après l'ADN fossile, avant que ne s'amorce le déclin à partir de 50 000 ans correspondant à l'arrivée des *Homo sapiens* venus du sud-est.

Une famille néandertalienne

L'ADNmt raconte d'autres choses passionnantes. La « mère mitochondriale de tous les Néandertaliens » serait âgée de 270 000 ans, un peu plus ancienne que l'« Ève sapienne mitochondriale et africaine » qui aurait 150 000 ans. En tout cas, cela confirme que nos lignées respectives et sœurs se sont séparées en des temps plus anciens, autour de 500 000 ans, en accord avec les fossiles. Les histoires de famille se précisent grâce à l'ADNmt d'un groupe de 12 Néandertaliens d'El Sidrón, en Espagne.

Il se composait de 3 femmes et 3 hommes adultes, de 3 adolescents, 2 enfants et de 1 tout-petit. Leur ADNmt montre que les hommes partagent une même mère, mais pas leurs femmes. C'est la marque d'une société dite patrilocale, ce qui signifie que, comme dans la très grande majorité des sociétés humaines actuelles, les femmes quittent leur groupe natal pour vivre et se reproduire dans un autre groupe[1].

Une autre étude récente à partir d'ADNmt provenant du site de Denisova révèle la présence de Néandertaliens dans cette région de Sibérie. Elle indique aussi que, déjà, vers 80 000 ans, le peuple néandertalien ne comptait pas plus de 10 000 génitrices et qu'il y avait pas mal de consanguinité en son sein, en tout cas aux époques les plus proches, signe précurseur d'un déclin démographique. Toutes ces études sont récentes et ne prennent pas en compte la diversité des Néandertaliens répartis du Caucase à la Sibérie. Mais le fait est qu'ils ont disparu, non sans laisser des souvenirs de leurs amours avec les *Sapiens* enfouis dans l'ADN nucléaire et qu'on peut s'attendre à d'autres révélations…

Des gènes communs

C'est à partir de 2010 que les équipes du Neandertal Genome Project annoncent des résultats à partir de l'ADN nucléaire et des gènes associés à des caractères physiques et physiologiques. Il ressort que les populations sapiennes d'Eurasie conservent 1 à 4 % d'ADN de Neandertal dans leur génome, ces pourcentages étant sensiblement plus marqués pour les populations d'Asie. Les Néandertaliens possèdent un gène FoxP2 lié au langage identique à celui d'*Homo sapiens*. Cela confirme les travaux sur les aires corticales du cerveau et sur l'anatomie de l'os hyoïde – celui qui supporte les cordes vocales – tout aussi convergents. Et quand bien même ? Les anthropologues et les psychologues ne cessent de parler de plasticité morphologique et cérébrale entre les *Homo sapiens* : il serait grand temps qu'ils la conçoivent entre espèces humaines et cessent de dévaloriser les Néandertaliens. Ce genre de discours a prévalu à propos des « races » de notre espèce. Comme ils ne sont plus politiquement – et encore moins scientifiquement – corrects, c'est pour les Néandertaliens qu'on les retrouve. À se demander parfois si ces derniers ne sont pas exclus de l'humanité par-delà les chimpanzés…

D'autres gènes impliqués dans la couleur de la peau et des yeux et pour l'anatomie des cheveux révèlent qu'ils avaient la peau claire et des cheveux roux : une excellente adaptation pour laisser pénétrer les rayons solaires nécessaires à la synthèse de la vitamine D. C'est un atout considérable pour développer un squelette robuste sous des latitudes moins ensoleillées et au cours des périodes glaciaires. Les paléogénéticiens pensent que les populations sapiennes à peau claire ont bénéficié de ces gènes sélectionnés pendant les centaines de millénaires d'évolution des Néandertaliens. Il leur a suffi de faire l'amour avec des Néandertaliens pour les attraper par voie de sélection naturelle : bien joué ! Il en va de même pour des gènes s'exprimant pour la forme du thorax et de la clavicule et aussi pour des gènes impliqués dans le diabète de type 2. D'autres gènes seraient associés à la maladie de Crohn (affection auto-immune des intestins) et d'autres encore au développement cognitif avec ses fardeaux comme l'autisme, la schizophrénie et la trisomie 21. Neandertal et *Sapiens* se sont aimés pour le meilleur et le pire.

Comment expliquer que des gènes peuvent passer d'une espèce à l'autre alors que, par définition, les individus de deux espèces ne peuvent pas se reproduire entre eux (et elles) ? Les généticiens parlent d'*introgression*[2]. La séparation entre deux espèces ne se fait pas d'un coup de hachoir. Les processus de spéciation sont divers comme les barrières qui conduisent à l'isolement reproductif (comportementales, géographiques, chromosomiques, culturelles pour les populations humaines...). Elles ne sont donc pas que génétiques. En outre, les barrières génétiques ne valent pas pour l'ensemble du génome. En simplifiant, on peut admette que plus une adaptation est acquise récemment par une population par le jeu des mutations, des recombinaisons génétiques, des dérives génétiques sous le contrôle des facteurs de sélection naturelle et de sélection sexuelle, moins ses supports génétiques sont « intégrés » dans le génome. Ils peuvent donc se transmettre « horizontalement » entre des individus hybrides de deux espèces sœurs séparées depuis peu, notamment entre des populations périphériques qui entretiennent des flux génétiques avec leur espèce et les voisines. Cette plasticité adaptative du génome a contribué à l'adaptation et à la diversité des populations humaines depuis des centaines de milliers d'années et à leur expansion dans tous les écosystèmes. Le tout est d'aimer son prochain et sa prochaine.

Ces brassages génétiques se font assez tard après la séparation entre Neandertal et *Sapiens*. Et plus le temps passe, plus les écarts génétiques deviennent importants, jusqu'à ce qu'on se retrouve avec deux espèces, tout aussi humaines, mais avec des incompatibilités chromosomiques et génétiques plus marquées. Ces incompatibilités varient dans le temps et dans l'espace. Elles étaient moins prononcées là où nos ancêtres respectifs se croisaient dans tous les sens du terme au Proche-Orient entre 400 000 et 100 000 ans. C'est un peu compliqué, mais il en est toujours ainsi quand il est question d'amour entre individus d'espèces sœurs. Au début du processus dit de spéciation, les populations restées géographiquement voisines continuent à échanger des gènes tandis que celles plus éloignées s'engagent dans des dérives génétiques, ce qui entraîne à la fois plus de distance géographique et génétique au fil du temps. Cela expliquerait le fait que les Néandertaliens orientaux et méditerranéens présentent des caractères moins dérivés que ceux d'Europe occidentale. Les ADNmt des enfants de Teshik-Tash (Ouzbékistan), de Lagar Velho (Portugal), de Riparo Mezzena (Italie), Okladnikov (Sibérie) et de Mezmaiskaya (Caucase) s'accordent avec ce schéma. Les caractères morphologiques de ces enfants tardifs suggèrent de l'hybridation et, bien sûr, suscitent des polémiques. Cependant, les choses se délitent génétiquement et surtout, comme presque toujours, chez les mâles issus de ces unions mixtes. Ceux-ci seraient devenus de moins en moins fertiles avec pour conséquence des purges génétiques de nombreux caractères néandertaliens. Voilà à quoi servent les mâles : ils stockent les variations génétiques d'une espèce et, quand ils se dégradent, cela va de plus en plus mal pour celle-ci.

Les études sur l'ADN ancien (plus particulièrement celui des mitochondries et d'autres études sur celui du chromosome Y transmis seulement par les hommes) dépeignent un tableau à la fois de plus en plus précis et complexe du peuplement de l'Ancien Monde depuis 100 000 ans. Pour l'heure, nous en sommes à trois espèces dont l'une, celle mise au jour à Denisova, dissimule encore bien des mystères quant à son anatomie et même ses origines géographiques dans l'immense Eurasie. Si l'aventure des Néandertaliens et des Dénisoviens s'arrête vers 30 000 ans, après leur disparition, la préhistoire des *Sapiens* connaît des périodes flamboyantes malgré les maximums glaciaires. De grandes civilisations paléolithiques s'étendent du Caucase à la Sibérie et sur les plaines russes. Dernière nouvelle : le séquençage de l'ADNmt de l'enfant de Mal'ta en Sibérie orientale, un jeune *Homo sapiens* daté de 24 000 ans, révèle des caractères propres aux Européens et aux Amérindiens. Les fossiles et le précieux ADN qu'ils nous livrent montrent que d'abord les Néandertaliens depuis les plaines de Russie et, plus tard, les *Homo sapiens* du Paléolithique supérieur depuis le Pays basque ont ouvert la voie transsibérienne bien avant le grand passage du Nord-Est des temps historiques[3].

CHAPITRE 3

Des Vénus aux guerrières d'Adyguée

L'évolution de l'Homme (avec un grand H) oublie trop souvent la femme, ce qui en fait une évolution de l'homme (avec un petit h). Depuis plusieurs décennies, des femmes anthropologues remettent en cause les interprétations traditionnelles autour du rôle des femmes au cours de la préhistoire. Cette période, en effet, sert encore de justification pour expliquer les inégalités sexuées dans nos sociétés dites modernes. Ce serait donc la faute à nos ancêtres, et plus précisément aux sociétés préhistoriques, si les femmes n'étaient pas les égales des hommes. Cette piètre figure de rhétorique cherche à « naturaliser » un fait de société par les origines et il est consternant de voir qu'il en est ainsi d'une discipline prétendument moderne, la psychologie évolutionniste, qui propose des hypothèses non réfutables ou difficilement testables[1]. Qu'en est-il vraiment ?

Du côté de la génétique, on a vu que l'étude de l'ADN mitochondrial du groupe de Néandertaliens du site d'El

Sidrón en Espagne décrit une société patrilocale avec des hommes apparentés et des femmes venant d'autres groupes (et il en est ainsi dans presque toutes les sociétés de notre espèce). Mais on ne peut rien en déduire à propos de la répartition sexuelle des tâches et des modes de gouvernance. Du côté de l'archéologie, on a aussi évoqué les sépultures d'*Homo sapiens* de Süngir, en Ukraine, sans pouvoir distinguer une différence évidente de statut symbolique. En fait, qu'il s'agisse de la domination masculine ancestrale, d'une égalité associée à un communisme primitif ou encore d'une gynocratie (pouvoir des femmes sans matriarcat) préhistorique, les réponses à ces questions restent du domaine de l'interprétation.

Les Vénus de Russie

Les premières statuettes préhistoriques ont été découvertes dans le sud-ouest de la France. Très vite on les appelle « Vénus » car on pense qu'elles représentent un idéal de beauté de la femme au cours des âges glaciaires. Puis d'autres sortent des grottes et des sites archéologiques d'Europe centrale, puis orientale jusqu'en Sibérie.

Actuellement, on connaît plus de 250 « Vénus », la très grande majorité étant des statuettes en ivoire de mammouth, parfois façonnées dans d'autres matières rocheuses. Certaines sont sculptées d'autres sont gravées sur des parois. Certaines pouvaient être portées en pendeloque, d'autres dissimulées dans des caches comme des amulettes, ex-voto ou autres… Difficile d'attribuer un usage précis à toutes ces figurines[2].

Si les découvertes se sont faites historiquement d'ouest en est, les préhistoriens ne s'accordent pas sur une région d'origine. La plus ancienne a été mise au jour récemment dans le sud de l'Allemagne (Hohle Fels) en 2009, mais on pensait jusque-là que le foyer originel se trouvait dans les plaines centrales de Russie ou encore dans les régions d'Europe centrale. La seule certitude est que ces Vénus présentent une grande diversité de styles, certaines « stéatopyges » avec des formes maternelles exagérées, d'autres minces et quelques-unes que l'on pourrait interpréter comme plus « érotiques ». On les retrouve tout au long du Paléolithique supérieur, depuis l'Aurignacien jusqu'au début du Magdalénien. Est-ce qu'on doit voir là l'image d'un « éternel féminin » des âges glaciaires, de l'Europe à la Sibérie, qui aurait perduré plus de 20 000 ans ? Ce serait négliger les diversités culturelles dans le temps et dans l'espace des *Homo sapiens* venus remplacer les Néandertaliens. Cependant, on peut évoquer une grande civilisation avec ses différents foyers de création, ses circuits d'échange et de diffusion qui correspondent à une diversité ethnique et culturelle croissante. La préhistoire, la paléoanthropologie et la paléogénétique nous montrent que les objets et les gènes se déplaçaient sur l'immense Eurasie de la fin de la préhistoire dans un vaste espace culturel et symbolique cohérent.

Même si on arrivait à dégager une tendance évolutive des styles et des formes de ces Vénus, cela donnerait une indication des changements esthétiques de ces cultures du paléolithique supérieur, mais rien sur l'évolution des femmes et de leurs statuts sociaux, et bien plus sur nos fantasmes et nos convictions actuelles[3].

La tradition des Vénus se poursuit après la fin de la dernière glaciation dans les premières périodes du Néolithique avant de disparaître alors que commence l'histoire. On note une évolution stylistique avec des anatomies plus « naturelles » et graciles : les parties autour des hanches moins exagérées, la taille prononcée, la poitrine délicatement exprimée et, surtout, un cou dégagé portant une tête expressive avec des yeux. L'aire de répartition connue s'ancre sur le Proche-Orient et se diffuse vers l'Europe avec les premières populations d'agriculteurs. Un courant se dirige vers l'Europe occidentale, un autre vers le corridor de la mer Noire. Et ailleurs en Russie et en Asie septentrionale ? On ne connaît pas de représentations féminines comparables. Et c'est – peut-être – à cette époque que se dessinent deux grands types de sociétés, celles du sud et de l'ouest plus agricoles et s'orientant vers des sociétés patriarcales avec des divinités de plus en plus masculines et toutes-puissantes ; d'autres sur les grandes plaines de Russie et le Caucase avec des sociétés de nomades et d'éleveurs plus égalitaires entre les femmes et les hommes, et pas moins guerrières, comme les célèbres cavalières d'Adyguée.

Ainsi, la tradition de l'archéologie russe, très attachée aux modes de production pour la reconstitution des sociétés, nous offre une lecture qui associe l'image et le statut des femmes aux économies des sociétés depuis la préhistoire.

Au pays des Amazones

Les Adyguéens appartiennent à un groupe ethnolinguistique plus large appelé les Circassiens et furent pour partie décimés au cours de la conquête du Caucase par les Russes. Celle-ci avait commencé au XVIIIe siècle et dura plus de cent ans, de 1714 à 1864. Le 21 juillet 1864, les troupes circassiennes, composées de plusieurs ethnies caucasiennes, se firent massacrer à la bataille de Krasnaïa Poliana (la « clairière rouge »… du sang des vaincus). Le prince Michel, commandant l'armée russe, organisa un grand banquet sur le lieu de la victoire et du massacre, exactement là où se dérouleront les épreuves de ski alpin et nordique cent cinquante ans plus tard…

La plupart de ceux qui survécurent à la conquête russe constituèrent une grande diaspora qui s'émailla dans l'Empire ottoman. Aujourd'hui, l'adyguéen comprend environ 300 000 locuteurs, dont une petite moitié en Adyguée même, minoritaires par rapport aux russophones. Outre la conquête du Caucase et la guerre de Crimée (1853-1856), les purges staliniennes un siècle plus tard n'ont rien arrangé. Crimée et châtiments…

C'est dans cette région, si mal connue des Occidentaux d'aujourd'hui, que s'est joué le destin des Amazones. Les

Grecs pensaient que les peuples répartis autour de la mer Noire (ou Pont-Euxin) étaient gouvernés par des guerrières. Cette légende se nourrit d'un florilège de récits stupides avec des femmes tuant les petits garçons, ne conservant auprès d'elles que des hommes plus ou moins valides, et le fait qu'elles se coupaient le sein droit pour mieux tirer à l'arc. Ce type de récits à propos des matriarcats ancestraux est cher à une partie de l'archéologie féministe engagée. Une de ses périodes fétiches se situe au temps des premiers agriculteurs avec des divinités féminines dominatrices, représentées notamment par la célèbre statuette de Çatal Höyük en Anatolie (7 000 ans avant J.-C.), assise avec autorité sur un trône dont les accoudoirs sont représentés par des guépards.

Puis, au fil des millénaires, les cultes de la puissance masculine deviennent de plus en plus dominants avec l'affirmation de cultes dédiés aux taureaux. Une grande partie de la mythologie et de l'étymologie de l'Est méditerranéen se place sous le signe du taureau : Bosphore (passage des taureaux), taureaux blancs de Memphis, le culte du Minotaure, les tauroboles, les monts Taurus, le culte de Mithra et la tauromachie… Comme si, dans le champ des représentations, une rivalité plurimillénaire remontant à Vénus et aux aurochs de la préhistoire finissait par tourner à l'avantage des divinités masculines avec, comme point d'orgue, le dieu unique des monothéismes.

C'est là que l'on retrouve une interprétation peu courante du rôle de Prométhée dans l'histoire de l'humanité. Sur le site très engagé du Mouvement matricien

(matricien.org), qui milite pour un rétablissement des sociétés gynocratiques, on découvre Prométhée en ultime héros, le dernier des Titans allié des déesses préolympiques, dérobant le feu de l'Olympe pour le redonner aux hommes (femmes). Ainsi, lors de son coup d'État olympique pour installer les nouveaux dieux, Zeus aurait subtilisé le feu aux humains pour les affaiblir et instauré un régime de domination patriarcal. Rien d'étonnant à cela quand on connaît la manie de Zeus et des divinités mâles de l'Olympe d'aller se reproduire avec de simples mortelles, faisant de la femme une simple matrice recueillant les caractères du géniteur. Cette vieille histoire anthropologique remonte à loin et les hommes ont déployé un génie malin pour faire payer aux femmes leur pouvoir de faire naître des enfants des deux sexes[4]. Tous les rituels d'initiation des sociétés humaines visent ainsi à éliminer les traits féminins des jeunes garçons pour les faire entrer dans la communauté des hommes[5]. On comprend dès lors toutes ces légendes ahurissantes sur les sévices que les amazones étaient supposées infliger aux tout jeunes garçons. D'un point de vue anthropologique plus large, le thème de la révolte des mâles – qu'ils soient des dieux ou des hommes – contre la domination des femmes, divines ou mortelles, par l'appropriation des outils, des armes et des techniques se retrouve dans toutes les sociétés à domination masculine[6].

Les auteurs de ce site s'en prennent vertement aux travaux de l'école d'anthropologie de Claude Lévi-Strauss et de Françoise Héritier. Or ce n'est pas parce que ces derniers décrivent une pratique quasiment universelle – celle de l'échange des femmes – qu'ils défendent cette pratique. En outre, l'exogamie des femelles ou des femmes (le fait pour elles de quitter leur groupe pour un autre) est un fait assez rare parmi les espèces alors qu'il s'observe pour les sociétés de chimpanzés et d'hommes. Quant à l'influence de ces pratiques sur le pouvoir et la politique, c'est une autre affaire. On a vu qu'on retrouvait l'exogamie des femmes pour la famille néandertalienne du site d'El Sidrón en Espagne. Plus généralement, la reconstitution du peuplement de la Terre par notre espèce à l'aide de la génétique repose aussi sur ce fait. Mais il existe des exceptions parmi les sociétés de chimpanzés et d'hommes. Ce n'est pas une affaire de gènes ou de climat, mais plutôt une question d'histoire et de pouvoir[7]. De nombreuses sociétés humaines et sur tous les continents ont connu des régimes gynocratiques divers. Et c'était le cas autour de la mer Noire.

Les témoignages anciens évoquent des femmes guerrières, excellentes cavalières et archères, une caractéristique des peuples des grandes plaines, comme les Scythes et les Sarmates. Des fouilles archéologiques récentes confirment le statut de ces femmes. Alors, pourquoi des descriptions aussi déformées sur les Amazones ? Parce que les valeureux guerriers des sociétés patriarcales ne pouvaient se prévaloir de leurs exploits face à des femmes, sans parler des défaites qu'ils auraient pu essuyer. On raconte ainsi qu'Alexandre le Grand préféra éviter la confrontation : s'il gagnait, il risquait d'être raillé, mais s'il perdait ? Sa prudence montre que la réputation de ces guerrières n'était pas usurpée. Au passage, je rappelle qu'Alexandre le Grand, comme nombre de grands conquérants et chefs de guerre, était moins regardant sur le sexe de ses partenaires au lit que sur celui de ses adversaires sur le champ de bataille.

Mais, depuis l'Antiquité – et avant –, le corridor de la mer Moire a vu passer toutes les invasions venant du nord, du sud, de l'est et de l'ouest pour s'étendre dans l'une ou l'autre de ces directions. Pour survivre, les peuples de cette région ont développé des cultures guerrières mobilisant toutes celles et tous ceux capables de se battre. Les Adyguéens sont un peuple fier. Les hommes sont très respectueux des femmes. Celles-ci portaient aussi l'épée. La cavalerie adyguéenne alignait des régiments de guerrières redoutables et redoutées de leurs ennemis ; et elles ne montaient pas en amazone. Réputées pour leur beauté et leur intelligence, elles étaient des épouses recherchées par les très machistes monarques et autres sultans des régions voisines, comme dans l'Empire ottoman, car il était de bon ton d'avoir une femme d'Adyguée dans son harem. Mais, au cours des derniers siècles, la domination ottomane et l'expansion de l'Empire russe eurent raison de cette société qui a fini par adopter le culte musulman, mais en gardant aux femmes un rôle important et en leur marquant toujours un grand respect.

Après tout, la préhistoire n'a peut-être pas été la pire période de l'humanité pour les femmes.

CHAPITRE 4

Darwin en Russie

Charles Darwin meurt en 1882 et est inhumé par la suite dans l'abbaye de Westminster. Tel un mauvais présage, sa grande théorie évolutionniste semble le suivre dans son cercueil. On ne comprend pas le mécanisme de la sélection naturelle ; on se dispute sur les origines des caractères et de leurs variations ; on n'a pas élucidé la question de l'hérédité des caractères ; on a oublié la sélection sexuelle, et le racisme empoisonne l'anthropologie en plein essor. La pensée darwinienne décline au cours de la première moitié du XXe siècle qui devient très lamarckien, et cela malgré les travaux d'August Weismann qui fonde le néodarwinisme en établissant la distinction entre les cellules somatiques (celles du corps) et les cellules germinales (ovules et spermatozoïdes), récusant l'idée très répandue de la transmission des caractères acquis, telle que Darwin l'avait reprise avec son concept de *pangenèse* dans son livre sur *Des variations des animaux et des plantes à l'état domestique* (1868 ; parution en France, 1879).

Il en va de même du côté de la psychologie comparée malgré les efforts de John Romanes[1] et de Sigmund Freud, qui, après avoir manifesté un intérêt d'abord sincère et pertinent pour les idées darwiniennes, finit par prendre ses distances[2]. De façon inattendue et toujours mal connue, l'approche évolutionniste se manifeste du côté de l'économie avec Joseph Schumpeter revenu à la mode depuis le début du XXIe siècle. Dans ce contexte d'édulcoration de la pensée darwinienne, seule la grande école de physiologie et de médecine russe s'installe dans une vraie perspective évolutionniste mais, comme on va le voir, pas complètement darwinienne avec des programmes de recherche en biologie et en physiologie comparées, sans oublier les premières études sur le comportement et le développement psychologique comparés entre des humains et des chimpanzés à l'Institut Darwin de Moscou fondé en 1907.

Voyons d'abord comment la Russie a été le pays le plus immédiatement réceptif aux théories de Darwin à la fois dans les champs scientifique et social. Puis, dans un deuxième temps, on découvrira l'histoire aussi mal connue que fascinante des développements de la médecine expérimentale pratiquée par des savants russes à la fois en France et en Russie et qui font passer les projets du transhumanisme actuel pour de douces utopies californiennes…

Darwin et la société russe

L'histoire du XXᵉ siècle est complètement passée à côté de la très grande contribution des sciences russes aux théories de l'évolution et à la préhistoire (voir chapitre 1, « Glanost sur la préhistoire russe »). En témoigne le titre du chapitre de l'un des livres de Stephen Gould « Kropotkine n'était pas cinoque ! » publié en 1993[3]. Gould amorce une sorte de *mea culpa* timide en constatant combien l'histoire des sciences occidentales a négligé, pour ne pas dire ignoré, non seulement l'impact de *L'Origine des espèces* dans la Russie à la fin du XIXᵉ siècle, mais surtout l'immense contribution des chercheurs russes à la diffusion et à l'édification des théories darwiniennes.

Cet oubli est d'autant plus troublant que des universitaires américains avaient publié en pleine guerre froide des études très documentées sur le sujet[4] et que des ouvrages remarquables l'abordent explicitement juste avant la chute du mur de Berlin et l'effondrement de l'Union soviétique[5].

Charles Darwin évoque quelques chercheurs russes dans l'esquisse historique des contributeurs à l'idée d'évolution qu'il rédigea en ouverture de la troisième édition de *L'Origine des espèces* de 1861[6]. En effet, Darwin n'a jamais affirmé qu'il était le premier à penser que les espèces pouvaient se modifier ou se transformer, cette idée avait déjà été formulée, entre autres, par son grand-père

Erasmus et surtout par Jean-Baptiste de Lamarck qui, clin d'œil de l'histoire, publie sa *Philosophie zoologique* l'année de sa naissance (1809).

Von Baer est l'un des plus brillants représentants d'une tradition scientifique prédarwinienne qui commence au XVIIIe siècle, mais qui a été très influencée par des idées venant de la philosophie de la nature. Même si ses travaux contribuent à réfuter le concept de préformation qui postule que les individus seraient préformés au niveau microscopique en démontrant que les premiers stades de l'embryologie passent par une différenciation des tissus, il reste attaché aux idées d'harmonie et de finalité. Depuis Charles Bonnet au XVIIIe siècle jusqu'à aujourd'hui (notamment en paléoanthropologie), ce puissant courant de la « philosophie de la nature » traverse la biologie avec Jean-Baptiste de Lamarck en France et Ernst Haeckel en Allemagne.

Il influence la traduction de *L'Origine des espèces* en français par Clémence Royer : celle-ci se voit assortie d'une préface et de commentaires qui infléchissent la théorie de l'évolution, la sélection naturelle devenant le moyen d'accomplir une finalité. Darwin, irrité, demanda expressément à l'éditeur Moulinié de publier une autre traduction dans la langue de Lamarck. Il en va pareillement avec la traduction en allemand de Heinrich G. Bronn, qui suscite un intérêt très modéré chez les savants allemands. Or c'est cette dernière qui influence les savants d'Europe orientale et de Russie. La première traduction en russe est publiée par Serguei A. Ravinsky, professeur de botanique à l'Université de Moscou, en 1864 et sans commentaire. Le livre est vite épuisé et plusieurs éditions se succèdent rapidement.

Les émules de Darwin : Timiraziev et les frères Kovalevsky[7]

Vladimir Kovalevsky commence une carrière de traducteur et de journaliste assez engagé. Il suit l'insurrection polonaise de 1863 et la marche de Garibaldi sur Rome. Il se passionne pour Darwin et des évolutionnistes tels que Huxley, Wallace et d'autres et participe à la traduction de leurs travaux. Il rencontre Darwin à Down House en 1867 et évoque le grand succès de ses livres auprès des scientifiques russes, mais aussi du monde intellectuel. Voilà un contexte tout à fait inhabituel car, en Angleterre comme en Europe occidentale et aux États-Unis, la réaction contre *L'Origine des espèces* s'organise aussi rapidement qu'efficacement dans les milieux religieux, philosophiques, culturels et politiques. En revanche, elle s'organise tardivement en Russie après la publication de N. A. Danilevsky de 1885 contre la sélection naturelle et sa conception matérialiste de l'évolution.

De retour en Russie, Kovalevsky entretient une correspondance avec Darwin et se charge de la traduction et de la publication avec son ami Ivan M. Setchenov des deux volumes de *La Variation des animaux et des plantes à l'état domestique*. L'édition russe sort quelques mois avant l'édition originale anglaise en 1868 ! Il revient à Down House en 1870 et trouve Darwin occupé à finaliser *La Filiation de l'homme et la Sélection liée au sexe* qui sort en Angleterre en 1871. Maria A. Setchenova-Bokova, la femme de Setchenov, traduit le livre qui sort en deux volumes en 1871-1872, donc seulement quelques mois après l'édition anglaise. Et il en va de même pour la traduction de *L'Expression des émotions chez l'homme et l'animal* par son frère Alexandre Kovalevsky et par Maria Setchenova-Bokova, qui sera publiée en même temps.

Kovalevsky reprend des études à l'Université de Moscou où il obtient un doctorat en paléontologie. C'est la première thèse dans l'histoire des sciences qui applique une démarche darwinienne, la première en paléontologie évolutionniste.

Son frère, Alexandre Kovalevsky, passionné d'embryologie, démontre que les premiers stades embryonnaires des invertébrés et des vertébrés sont identiques, contribuant à consolider l'hypothèse d'une unité du vivant, conséquence logique de la théorie darwinienne, et à édifier les bases de l'embryologie évolutionniste. Cette magnifique recherche est récompensée par le deuxième prix Von Baer décerné par l'Académie des sciences de Saint-Pétersbourg. Le grand savant savait reconnaître les talents, même s'il restait très circonspect sur certains aspects de la théorie de Darwin.

Un autre personnage, Kliment Timiriazev, compte parmi les plus actifs prosélytes et défenseurs de Darwin. Il écrit un livre sur son maître et trouve le moyen de forcer une visite en 1877. À cette époque, Darwin est très fatigué et reçoit peu. Mais il est séduit par la verve et le dynamisme de ce jeune homme. Timiriazev est aussi un grand scientifique qui apporte une contribution fondamentale à l'action de la photosynthèse chez les plantes. Il devient le « *Russian bulldog of Darwin* » ; à l'instar de Thomas Huxley, « *bulldog of Darwin* » en Angleterre. Cependant, aucun de ces jeunes scientifiques brillants et internationaux n'occupera un poste important dans les milieux académiques russes, tous développant leurs recherches en partie à l'étranger et obtenant des postes dans des universités provinciales, à l'exception de quelques-uns à l'Université de Moscou.

Darwin, mais pas Malthus

La défaite de la guerre de Crimée en 1856 met un terme à l'expansionnisme russe vers le sud et ébranle le régime tsariste. La société exige des réformes et de la modernisation. Le gouvernement impérial soutient le développement des sciences et de l'enseignement universitaire pour s'aligner sur les pays occidentaux. Tous ces événements émaillent l'œuvre de Léon Tolstoï. Il correspondait avec des personnalités impliquées dans la diffusion des théories darwiniennes comme S. Ravinsky, le premier traducteur de Darwin en russe[8].

Seulement il y a un concept que la culture russe n'admet pas, même chez les scientifiques les plus darwiniens : celui de la lutte pour la survie, inspiré des thèses de Malthus au travers des travaux de Charles Darwin et de Russel Wallace[9]. Comment expliquer à la fois l'engouement pour la théorie darwinienne en Russie et le refus de la sélection naturelle ? Comme ailleurs, l'opposition religieuse et conservatrice la rejette à cause de son matérialisme et de son anticréationnisme, bien que tardivement. Par contre, les scientifiques (hormis ceux des académies), les vulgarisateurs et tous les mouvements rationalistes populistes et socialistes l'accueillent avec enthousiasme par-delà leurs diversités, et plus particulièrement dans le cadre du mouvement nihiliste développé par Dimitri Pisarev. Cependant, tous rejettent la conception malthusienne de la sélection naturelle perçue comme une naturalisation de la société anglaise. En d'autres termes, leur acception de Darwin se positionne entre, d'un côté, la nécessité de réformer le conservatisme religieux et autocratique de la Russie et, d'un autre côté, le refus du libéralisme et du capitalisme brutaux de l'Angleterre. Une des heureuses conséquences sera que le « darwinisme social » forgé par Herbert Spencer ne pénètre pas la société russe.

Les scientifiques russes les plus « darwiniens » remodèlent la théorie de leur mentor. Ils soutiennent que l'entraide et la coopération prévalent pour les individus d'une même espèce, mais que la compétition pour les ressources opère entre les populations (ou les espèces). Par ailleurs, ils insistent sur l'importance des facteurs abiotiques (non biologiques) de l'environnement et la géographie. Pourquoi ? On a vu que la théorie de Darwin arrive dans un contexte social et culturel très différent de celui de l'Europe occidentale et tout particulièrement celui de l'Angleterre, première puissance de l'époque. Mais il y a aussi les conditions dans lesquelles Charles Darwin et Russel Wallace ont élaboré leur hypothèse de la sélection naturelle : d'après des observations faites dans des milieux tropicaux avec des climats relativement stables et une profusion d'espèces ; et tous les deux revendiquent l'inspiration de Malthus. Mais rien de tel en Russie et encore moins en Sibérie. Les Russes savent combien l'environnement et le climat sont les principaux facteurs abiotiques agissant sur la survie des individus et des espèces, d'autant que ces dernières composent des communautés écologiques peu denses. Quand Piotr Kropotkine (voir plus bas) fait sa mission en Sibérie, il note combien les individus d'une même espèce ne doivent leur survie qu'à différentes formes d'entraide. Montesquieu n'aurait jamais rêvé une telle généralisation de sa théorie sur le caractère des hommes et des climats… Cette approche, tout à fait justifiée, favorise l'influence de l'environnement sur les caractères, pas seulement leur sélection selon le credo darwinien, mais aussi leur formation. L'apparition des caractères par les usages ou leur disparition par abandon d'usage sont au cœur de la théorie de Lamarck, avec la transmission des caractères acquis. Darwin, fort critique envers Lamarck au moment de la publication de *L'Origine des espèces*, reprend ce concept dans le traité sur les variations sous le terme de *pangenèse*. D'autre part, son livre sur *La Filiation de l'homme et la Sélection liée au sexe* se termine par une réflexion considérable puisqu'il précise que, de son point de vue, la sélection sexuelle a certainement été plus importante pour l'évolution de l'homme que la sélection naturelle. Cette « évolution » s'accorde parfaitement avec la conception de celle des scientifiques russes qui, admirant Darwin, avaient analysé avec pertinence que la sélection naturelle n'était pas le seul mécanisme et que d'autres viendraient à être mis en évidence. Ils avaient parfaitement saisi la finesse de l'épistémologie darwinienne, mais sans en imaginer les conséquences funestes : le quasi-délaissement de la sélection naturelle pour un demi-siècle et, surtout, un terrain propice à la dérive idéologique de Trofim D. Lyssenko qui, lamarckien égaré et idéologue borné, éradiquera la théorie du « bourgeois Darwin » dans ce qui est devenu l'URSS.

Sans filiation de l'homme

La traduction et la publication des deux grands livres de Darwin de 1871 et 1872 – *La Filiation de l'homme et la Sélection liée au sexe* et *L'Expression des émotions chez l'homme et les animaux* – se font quelques mois après leur parution en Angleterre. Ils sont très bien reçus et largement commentés dans les débats intellectuels. Cette fois, l'approche darwinienne touche à la psychologie, aux comportements, à la vie sociale et aux sciences humaines. Cependant, ils ne suscitent pas de nouvelles approches darwiniennes dans ces disciplines pourtant récentes (c'est pareil dans le monde occidental). Mais ils stimulent des recherches sur les mécanismes du comportement en psychologie, comme chez Ivan Pavlov qui ne se prononce jamais sur la théorie de Darwin qu'il connaît pourtant par son professeur Setchenov.

Les théoriciens socialistes et les bolcheviques ne s'opposent pas à la théorie darwinienne, moins pour des raisons scientifiques que pragmatiques, car elle sert le matérialisme et l'anticréationnisme. En témoigne l'aventure du musée Darwin fondé par Alexandre Kohts en 1907. Brillant naturaliste et taxidermiste, puis diplômé de l'Université de Moscou, ce dernier voyage beaucoup en Europe. Il visite et admire les muséums. Seulement, ces musées-laboratoires se contentent d'exposer de belles collections, mais sans délivrer de message, en l'occurrence celui de l'évolution. Malgré les difficultés financières, il ouvre son propre musée dans les bâtiments consacrés à l'éducation supérieure pour les femmes de Moscou. C'est le premier muséum entièrement dédié à Darwin et à l'évolution. Le succès ne tarde pas. Après la révolution, Kohts occupe diverses fonctions, dont celles de directeur du zoo de Moscou, qui vont lui permettre de trouver des sources de financement et des ressources en spécimens pour enrichir le musée qui reçoit le soutien des autorités. Il en assure la direction jusqu'à sa mort en 1964. Aujourd'hui, cet établissement est devenu le Muséum d'État Darwin restauré et a rouvert en 1995.

Cette esquisse effleure la réalité du dynamisme de l'histoire de la biologie évolutionniste en Russie. Celle-ci se perpétue un temps après la révolution de 1917 et disparaît dans les tumultes de l'histoire du XXe siècle, principalement à cause des purges staliniennes.

Kropotkine et le concept d'entraide

Le prince Piotr Kropotkine (1842-1921) fait partie de ces pionniers victimes de l'oubli après la glaciation stalinienne et soviétique. On lui doit le concept d'*entraide* dans la nature qui s'oppose à une pensée anglo-saxonne, obsédée par une approche individualiste de la théorie darwinienne, allant jusqu'à glorifier le « gène égoïste » au temps de la dérégulation et de la chute de l'URSS[10]. Kropotkine reste plus connu comme un des intellectuels théoriciens du mouvement anarchiste et ami du géographe et politicien Élisée Reclus.

Après des études à l'Académie militaire, il est nommé officier d'un régiment de Cosaques en Sibérie. Il démissionne après la répression de la révolte des Polonais par les Russes en 1863. Il reprend des études scientifiques et tout particulièrement en géographie. À cette époque, il restait beaucoup de terres et de peuples à découvrir sur tous les continents, et surtout l'immense partie orientale de l'Empire du tsar ainsi que le nord de l'Europe que Kropotkine va se faire fort d'explorer. Dans la foulée, il devient anthropologue, naturaliste et géologue. Puis il voyage en Europe occidentale où se jouent d'autres conquêtes : celles des révolutions sociales et politiques. Il adhère à la Fédération jurassienne de la Première Internationale à Bruxelles en 1872. Il retourne en Russie où il participe à l'activisme révolutionnaire, se retrouve emprisonné et s'évade.

Retour en Angleterre, en Suisse et en France, où il fonde la revue *L'Avant-Garde* puis *Le Révolté* avec le géographe Élisée Reclus. (Comme on l'a vu plus haut, les scientifiques russes attachent beaucoup d'importance à l'influence de la géographie et du climat.) Tous les deux durent s'exiler plusieurs fois et connurent plusieurs emprisonnements. Des pétitions ont permis leur libération avec des signataires prestigieux comme Victor Hugo, Camille Flammarion, Herbert Spencer et Charles Darwin. Kropotkine s'impose comme un des grands théoriciens de l'anarchisme à la fois scientifique et moral en prônant la révolte permanente et par tous les moyens. Il retourne en Russie après la révolution d'Octobre où il retrouve le mouvement libertaire qui, pour quelque temps encore, peut s'exprimer et critiquer Lénine. Il refuse un poste de ministre dans le gouvernement Kerenski et s'oriente vers le syndicalisme révolutionnaire, défendant l'idée de la libération du peuple par le peuple. Son décès en 1921 donne lieu à des funérailles nationales. Heureusement, il ne verra pas la suite, lui qui abhorrait toute sorte d'autoritarisme : son parcours, de la Fédération jurassienne au soviétisme, se heurtait aux dinosaures du pouvoir.

Actuellement, l'hypothèse scientifique de Kropotkine revient au goût du jour par la voie de l'éthologie et plus particulièrement les études sur les comportements des singes et des grands singes. Son livre *L'Entraide, un facteur de l'évolution* (1910) a été écrit pour contrer la brutalité du darwinisme social théorisé par Herbert Spencer à partir d'une dérive des théories darwiniennes. On sait aujourd'hui que Darwin n'appréciait guère Spencer. Malheureusement, la pensée darwinienne est arrivée en France par ce biais, avec la traduction des livres de Spencer par Hippolyte Taine. Depuis, les sciences humaines en France nourrissent encore une hostilité aussi injustifiée qu'archaïque envers les théories de l'évolution et l'éthologie. Pourtant, cet essai montre que les espèces ne se retrouvent pas dans une lutte constante par la compétition et pour l'accès aux ressources : il existe aussi des mécanismes et des comportements d'entraide entre les membres d'une même espèce et entre espèces différentes. Un siècle plus tard, la pensée de Kropotkine comme celle de Marcel Mauss sur le don en anthropologie participent des courants actuels d'alternatives économiques[11]. Une expérience de société avec une économie fondée sur l'entraide se développa en Ukraine du temps de Kropotkine. Mais les États, qu'ils soient bolcheviques ou capitalistes, se rejoignent dans leur aversion viscérale de ces modèles économiques « primitifs » qu'ils ne peuvent pas contrôler et qu'ils détruisent avec hargne. Kropotkine avait raison, nos idéologies économiques et politiques actuelles manquent cruellement d'entraide et nous conduisent à une caricature de *La Planète des singes*[12].

Les faux frères A. Bogdanov

Un Bogdanov peut en cacher un autre. Le jeune Anatoli Bogdanov naît dans des circonstances troubles dans la province de Voronej en 1834. Il est recueilli par une riche propriétaire terrienne, qui meurt quelque temps plus tard, et se retrouve chez la mère de celle-ci, la princesse G. N. Kekuajtova. Grâce à son soutien, il suit une scolarité guère brillante qui le conduit à l'Université de Moscou.

Très éclectique, il se passionne pour de nombreuses disciplines, ce qui lui vaut des résultats moyens à ses examens. Mais l'étudiant intéresse Karl Rouiller, un professeur important de l'Université de Moscou qui œuvre pour l'introduction de la pensée évolutionniste de Darwin en Russie. Rouiller s'intéresse spécialement aux scientifiques français, et tout particulièrement à Isidore Geoffroy Saint-Hilaire qui crée la Société d'acclimatation en 1854. Convaincu de l'adaptation des structures des organismes à leur environnement, il lance Bogdanov dans une thèse de zoologie autour d'un sujet qui touche l'adaptation de la couleur des plumes chez les oiseaux.

(Bien que Darwin ne le cite pas dans *La Filiation de l'homme et la Sélection liée au sexe*, de tels travaux sont au cœur de sa théorie sur la sélection sexuelle alors que les Russes s'intéressent plus à l'adaptation à l'environnement.) Pour ce faire Bogdanov voyage en Europe, visite des musées et s'installe quelques mois à Paris où il suit les cours de Geoffroy Saint-Hilaire.

De retour en Russie, il soutient sa thèse. Très actif, il crée la Société impériale des naturalistes qui devient la Société de sciences naturelles, d'anthropologie et d'ethnologie. Bien que ses recherches soient du domaine de la zoologie dans une perspective darwinienne, il perçoit l'importance d'une science de l'homme qui émerge en Angleterre et qui se structure déjà en France avec la Société d'anthropologie de Paris fondée en 1859. Il organise les premières expositions d'acclimatation à Moscou avec pour projet de mettre en place un jardin zoologique, ce qui se fera quelques années plus tard.

Il gravit les échelons universitaires et acquiert de l'influence. Lors d'une conférence de 1876, il plaide pour la création d'une chaire d'anthropologie à l'Université de Moscou qui sera attribuée à son élève Dimitri Anuchin. Au cours de cette même adresse, il attire l'intérêt des études sur l'homme préhistorique, proche des grands singes. Donc, avant tout zoologue, Bogdanov est présenté comme le fondateur de l'anthropologie russe dans une perspective darwinienne. Il participe à des missions de terrain et organise plusieurs expositions anthropologiques. À ce titre, il copréside le congrès d'anthropologie de 1877 de Paris et a en charge la présentation du secteur sciences naturelles du pavillon russe de l'Exposition universelle de l'année suivante. Son immense travail lui vaut de nombreuses récompenses nationales et internationales, dont la Légion d'honneur. Un an avant son décès, il prend part à l'organisation des Congrès internationaux d'anthropologie et de zoologie de Moscou. Il laisse derrière lui plusieurs musées et sociétés savantes, dont l'école de zoologie russe. Et nous verrons comment ce lien entre la zoologie et l'anthropologie va susciter des recherches et des expériences ahurissantes sur les xénogreffes (pratiquées entre autres par Alexandre Kohts quand il dirige le zoo de Moscou dans les années 1920).

L'autre Bogdanov, Alexandre, naît en 1873 sous le nom de Malinovsky. Il s'engage dans des études de médecine entrecoupées par des périodes d'activisme politique révolutionnaire qui le conduisent de prison en exil en Russie et en Europe. Poursuivi par la police impériale, il change souvent de nom et finit par adopter celui de sa femme, Bogdanov. Il lit et rencontre Vladimir Ilich Oulianov Lénine à côté de qui il apparaît lors de la création du Parti communiste à Saint-Pétersbourg. Il écrit un traité monumental de philosophie marxiste qui influence profondément les théoriciens du matérialisme historique. Lénine critique son rival et sa conception idéaliste de la révolution, un idéalisme qui l'amène à écrire un roman de science-fiction intitulé *L'Étoile rouge* autour d'une utopie communiste humaniste avec des femmes et des hommes libérés du travail. Juste avant la révolution russe, il publie un essai sur une nouvelle discipline, la *Tektologie*, qui traite de l'évolution des systèmes complexes et qui constitue le texte fondateur de la cybernétique selon Norbert Wiener et Ludwig von Bertalanffy.

Bogdanov admire Darwin et pense que le marxisme doit s'en inspirer, sans pour autant accepter la conception malthusienne et ses dérives déjà mises en œuvre par Herbert Spencer en Angleterre avec le darwinisme social. En fait, il est plus sensible à une grande fresque universelle et évolutionniste à la fois pour l'histoire des espèces et celle des sociétés humaines, ce qui sort radicalement des conceptions de Darwin. Ce sont les conceptions de Lamarck et de Haeckel qui influencent les intellectuels russes (et occidentaux) avec une dichotomie affirmée : Darwin est à la nature ce que Marx est aux sociétés. Si Lénine écrit peu sur Darwin, Staline s'y intéresse plus, mais avec les dérives dramatiques à venir à la fois en science (Lyssenko) et en politique[13]. Voici ce qu'écrit Engels dans l'allocution funèbre rédigée pour la mort de Karl Marx : « Karl Marx fut un de ces hommes exceptionnels comme chaque siècle en produit peu. Charles Darwin a découvert la loi de l'évolution de la nature organique sur notre planète. Marx est celui qui découvrit la loi fondamentale et constitutive qui détermine le cours de l'évolution humaine, loi si simple et lumineuse qu'il suffit dans une certaine mesure de l'exposer pour la faire reconnaître » (C. Darwin est mort un an auparavant).

Bogdanov se fait exclure du parti bolchevique en 1909. (Ses écrits constituent le fondement d'un bolchevisme non léniniste.) Après la révolution russe, il est nommé professeur d'économie à l'Université de Moscou et directeur de l'Académie socialiste des sciences sociales. Il ne manque pas de critiquer le programme économique du Parti et considère que le manque de culture, notamment des travailleurs, constitue un handicap pour la réussite de la révolution prolétarienne. Il est accusé de mener ses projets en dehors de l'institution soviétique officielle, perd son siège au comité central et se retrouve exclu en 1922.

Écarté de la vie politique, mais respecté par Lénine et même par Staline en tant que scientifique, il reprend ses travaux sur la transfusion sanguine, une grande question médicale depuis la découverte des groupes sanguins par Karl Landsteiner au début du XXe siècle. Or la Première Guerre mondiale a fait couler beaucoup de sang hors des veines et dans les veines des soldats (lui-même l'a vécu en tant que médecin sur le front). Il crée un institut d'hématologie et de transfusion sanguine qui porte son nom[14]. Mais, ce qui l'intéresse, c'est la possibilité de rajeunir les individus, la vieille quête de la fontaine de Jouvence, celle qui a inspiré le pape Innocent VIII, transfusé avec du sang de trois jeunes garçons en 1492. Hélas, tous moururent dans ce sinistre massacre des innocents…

Les premières transfusions opérées par Bogdanov avec des volontaires, dont la sœur de Lénine, rencontrent un vif succès. Les observateurs trouvent que Bogdanov, qui pratique sur lui-même, semble bien plus jeune que son âge, jusqu'à ce qu'il meure à la suite d'une transfusion du sang d'un étudiant souffrant de malaria et de tuberculose. Dans ce cas précis, l'étudiant a survécu, ce qui constitue un progrès certain depuis Innocent VIII. Quoi qu'il en soit, et comme on va le voir, cette question de la juvénilisation obsède les chercheurs russes de l'époque, qu'ils mènent leurs travaux en Russie ou en France.

De la médecine expérimentale russe à Frankenstein

Les savants russes – avant la révolution de 1917 – adoptent une méthodologie expérimentale et matérialiste sous l'impulsion de Charles Darwin et plus particulièrement dans les domaines du comportement et de la psychologie. Un musée Darwin ouvre en 1907 grâce à Alexandre Kohts. Une étudiante, qui devient sa jeune épouse, crée en 1917 un laboratoire révolutionnaire en psychologie comparée. Nadia Kohts (Nadezhada Ladygina-Kohts) développe les premières recherches en psychologie comparée en observant l'apprentissage chez un jeune chimpanzé nommé Ioni et son propre fils Roody. Ses travaux, d'une très grande modernité épistémologique, viennent tout juste d'être traduits en anglais, presque quatre-vingts ans après leur publication en russe[15].

Le scientifique le plus emblématique de ce mouvement est le grand Ivan Pavlov (1849-1936), le premier chercheur russe à recevoir un prix Nobel en 1904 – trois ans après sa création par Alfred Nobel –, celui de physiologie ou de médecine. Cette distinction récompense ses travaux sur la digestion alors qu'il est plus connu pour ses travaux en psychologie. Il anticipe la synthèse actuelle à propos du ventre qui serait notre « deuxième cerveau » à une époque qui voit émerger la psychanalyse de Freud, ce que j'ai appelé la « psychanalyse gastrique[16] » : autrement dit, notre état physiologique affecte notre psychologie et inversement ; sachant que les physiologistes préfèrent la première causalité (mécaniste) et que les psychologues ne voient que la seconde causalité dite psychosomatique. (Pour les psychanalystes, tout se passe dans le cerveau avec des conséquences sur le sexe.) Pavlov appartient à l'école physiologique. Au cours de ses études, il est influencé par son professeur Ivan M. Setchenov qu'il surnomme le « père de la physiologie russe ». Il avait collaboré avec Claude Bernard au Collège de France et importé en Russie les méthodes de la médecine expérimentale de son maître. Setchenov s'intéresse aussi aux recherches pionnières sur le cerveau comme organe de la pensée. Il découvre qu'une exposition répétée à un stimulus provoque des processus d'habituation. Il soutient l'ascension des femmes à l'université et son épouse sera l'une des premières femmes médecins russes. Mais si tous ces chercheurs adoptent des approches expérimentales comparées et mécanistes, ils ne s'inscrivent pas dans une vraie perspective évolutionniste.

Lors d'un voyage aux États-Unis en 1923, Pavlov dénonce le communisme et son expérience sociale, ce qui n'est pas banal de la part du père fondateur des études sur le conditionnement. Ses travaux donnent naissance au courant du béhaviorisme à la suite de leur traduction par John B. Watson aux États-Unis et développés par Burrhus F. Skinner. Ce courant scientifique nourrit un genre littéraire, les *dystopies*, qui dénonce les systèmes de conditionnement des personnes – aussi bien capitalistes que communistes –, comme George Orwell dans *La Ferme des animaux* (1945) et *1984* (1949), *Le Meilleur des mondes* d'Aldous Huxley (1931) ou encore le roman *Orange mécanique* d'Anthony Burgess (1962) adapté au cinéma par Stanley Kubrick en 1971. Une conséquence plus heureuse des travaux de Pavlov sera la méthode des réflexes conditionnés de la respiration pour le travail d'accouchement. Il termine sa carrière comme professeur de physiologie à l'Institut de médecine expérimentale de Saint-Pétersbourg (puis de Leningrad). Avec lui, la médecine expérimentale va devenir le fil rouge des relations entre le Collège de France et des chercheurs russes, dans une époque où l'on ose des recherches qui, de nos jours, provoqueraient un formidable tollé dans les comités d'éthique.

La France et la Russie (indifférence de la France face à la révolution darwinienne)

Au début du XXe siècle, les Russes et la France établissent des relations d'une extraordinaire créativité dans tous les domaines, comme en témoignent les ballets russes de Serge Diaghilev ou la peinture d'un Marc Chagall. Selon l'expression de l'époque, Paris est la « mecque des Russes ». L'expression est plus discutable, transposée au plan économique avec les fameux emprunts russes, et plus délicate d'un point de vue politique à propos des activités des révolutionnaires avec les conséquences que l'on connaît pour l'Empire du tsar (si l'on nourrit une nostalgie désuète pour la fin de la Russie d'alors). L'aspect scientifique est le moins connu de cette coopération. Et, si les Russes ont participé à l'invention d'un art nouveau, il est dommage que les grands chercheurs français soient, eux, passés à côté de la révolution darwinienne, à la fois en sciences humaines et en médecine. L'un de ces immenses chercheurs russes est Ilia Ilitch Metchnikov (1845-1916), le découvreur de la phagocytose et l'un des pionniers de l'immunologie, prix Nobel de physiologie ou de médecine en 1908, le deuxième pour la Russie après Pavlov.

Né dans une famille aisée et cultivée, il fait des études de zoologie et de biologie. Très vite, il s'intéresse à la théorie de Darwin sur l'origine des espèces, qu'il enseigne dans les institutions où il professe. Ses recherches doctorales l'amènent à voyager pour rejoindre divers laboratoires, notamment en Italie comme à Messine et à Naples (cette station de biologie marine créée par le professeur Anton Dohrn, darwinien convaincu, voit passer presque tous les chercheurs russes inspirés par Darwin et cités dans ce texte). Il travaille sur l'embryologie, un sujet de recherche qui, comme on l'a vu plus haut, se trouve au cœur des théories de l'évolution à cette époque, notamment sous l'impulsion d'Ernst Haeckel, l'immense savant allemand auteur du célèbre aphorisme : « L'ontogenèse récapitule la phylogenèse. » Autrement dit, notre histoire individuelle, de la conception à la mort, résume toutes les étapes de l'histoire des espèces. Cette précision est utile pour comprendre les avancées de la médecine expérimentale dans ce qui suit.

Attentif aux recherches de Louis Pasteur sur le vaccin de la rage, Metchnikov tente de les développer, ce qui lui vaut celle de ses collègues de l'Université de Saint-Pétersbourg. Il rencontre Louis Pasteur et lui demande un poste dans le cadre de la création de l'Institut Pasteur en 1888, dont il deviendra un des vice-directeurs. Mais la grande tradition de la biologie fonctionnaliste française ne s'intéresse pas à la théorie darwinienne. Il en sera ainsi de Claude Bernard, de Louis Pasteur et de beaucoup d'autres, jusqu'au triple prix Nobel de physiologie ou de médecine attribué à François Jacob, Jacques Monod et André Lwoff en 1965.

Cette tradition française d'une recherche médicale, certes excellente, mais trop indifférente aux théories darwiniennes, explique l'absence de nos instituts de recherche dans le consortium international sur le séquençage du génome des grands singes. En attendant, Metchnikov insiste sur l'importance de mener des recherches sur les singes et les grands singes, pour avancer dans la connaissance des maladies comme la syphilis. Tandis que le premier centre de recherche médicale et de primatologie est créé à Sukhumi près de Sotchi en 1927, l'Institut Pasteur fonde Pastoria en Guinée française près de Kindia (nationalisé en 1958) en 1939 sous l'impulsion du docteur Calmette. Même si Metchnikov est décédé en 1916, son influence a marqué l'histoire de ce grand institut sur l'importance de cette approche comparée. Ses recherches biomédicales ont permis des découvertes importantes sur des singes et des grands singes conservés proches de leurs milieux naturels, et les Instituts Pasteur d'Afrique actuels participent activement aux progrès de la médecine et de la zoologie. Mais la curiosité et le génie de Metchnikov touchent aussi à la probiotique, les études sur les bactéries qui produisent l'acide lactique, notamment pour le lait caillé et le yaourt. Il découvre que ces produits favorisent le prolongement de la vie, ce que vérifient les recherches actuelles sur la longévité et ce que ne cessent de nous assener les publicités de ces produits. Il est également considéré comme un des pionniers de la gérontologie.

Sa vie personnelle traverse des périodes difficiles. Gravement malade après son retour à Saint-Pétersbourg, il est soigné par la fille d'un ami qui devient sa femme. Mais celle-ci contracte la tuberculose. Malgré des séjours et des cures dans le sud de l'Europe, elle décède en 1873. Metchnikov tente de se suicider. Il finit par s'en remettre et se remarie plus tard avec une autre jeune femme. Cependant, ses relations avec ses collègues de l'Université d'Odessa s'enveniment dans un contexte politique difficile. Il tente à nouveau de se suicider en se contaminant avec le sang d'un malade atteint de fièvres malignes ; en vain. Il semble que ses séjours en Russie lui ont empoisonné la vie tandis que ses recherches en Italie et en France, qui lui donne la nationalité française, lui permettent d'exprimer son génie. Il n'est pas le seul de sa famille puisque son frère, Léon Metchnikov, est un géographe reconnu, ami et secrétaire d'Élisée Reclus. Un si petit monde !

Dans cette belle aventure entre les Russes et les Français au cœur de la Belle Époque, une période flamboyante où la France illuminait le monde par ses arts et ses techniques stimulés par l'accueil de tant de génies étrangers, dans cette magnifique effervescence donc, on croise des personnages passionnants. Certains sont vus comme des novateurs, encensés puis dénigrés de leur temps, avant de connaître une réhabilitation posthume. D'autres deviennent d'authentiques savants fous, dignes du docteur Jekyll et autres docteur Moreau, qui dérivent vers des projets aussi ahurissants que fantasques. C'est le cas de Serge Voronoff et d'Ilia Ivanov.

Recherches sur le rajeunissement et premières greffes

Serge (Samuel) Voronoff naît en Russie en 1866. Il vient à Paris en 1884 pour terminer ses études classiques puis entre à l'École de médecine où il présente une thèse intitulée *Essai sur les trêves morbides* en 1893 dans laquelle il défend la notion de rémission pour des pathologies graves (cancer, tuberculose, paludisme...). Il soutient l'intérêt d'une bonne connaissance de l'histoire naturelle des maladies dans une approche qu'on peut qualifier d'évolutionniste. Ancien élève de Charcot et assistant de grands chirurgiens, il se spécialise en chirurgie gynécologique. Il fait fortune mais, en raison de la montée de l'antisémitisme de l'époque (affaire Dreyfus) et sur incitation d'un ancien patron, il part pour l'Égypte afin d'y mettre en place le système de santé. Celui qui devient le « médecin officiel de la cour du khédive » s'installe en Égypte pendant quatorze ans durant lesquels il modernise les hôpitaux, forme des médecins, ouvre une école d'infirmières (gratuite), soigne les pauvres... Il publie beaucoup et acquiert la reconnaissance du monde médical européen. Il témoigne d'un grand intérêt pour la recherche et s'intéresse tout particulièrement au vieillissement prématuré des eunuques.

De retour en France, il s'installe à Nice où il exerce à la clinique Sainte-Marguerite et crée un laboratoire de médecine expérimentale. Il s'intéresse aux recherches de Karl Landsteiner sur les groupes sanguins et aux multiples travaux sur les greffes d'organes et les transplantations de tissus entre espèces (xénogreffes), ce qui l'amène à suivre les enseignements d'Alexis Carrel à New York et à collaborer avec lui par la suite. Ce prix Nobel de physiologie ou de médecine en 1912 est un immense chercheur pionnier de la transplantation d'organes et de la chirurgie vasculaire – il invente le pontage cardiaque et la culture de tissus. On lui reproche son eugénisme – si courant à cette époque – et des propos condamnables à propos de l'euthanasie, sur l'élimination des criminels et son intolérance envers l'homosexualité. Certes, tout cela n'est pas politiquement correct selon notre moralisme actuel, mais qu'en pensent les millions de greffés et d'opérés du cœur ?

Dans ce foisonnement de recherches pionnières que le principe de précaution tuerait dans l'œuf de nos jours, émergent de formidables opportunités entre les greffes de tissus et d'organes, de nouvelles techniques en chirurgie vasculaire, et ce qui n'est pas encore l'endocrinologie, bien que l'on sache que certaines substances peuvent améliorer, voire rétablir la santé. Le professeur du Collège de France Charles-Édouard Brown-Séquard s'injecte un extrait de testicule de chien et déclare « un regain de jeunesse » alors qu'il a 72 ans. Ce savant, qui succède à Claude Bernard à la chaire de médecine expérimentale du Collège de France, s'est livré à toutes sortes d'expériences ahurissantes de xénogreffes, en regard de nos principes de précaution actuels – greffes de tissus ou d'organes d'un individu d'une espèce sur un individu d'une autre espèce –, et a inspiré, sans doute, H. G. Wells pour *L'Île du docteur Moreau.* Cependant, il expérimentait surtout sur lui-même

En 1913, Voronoff greffe une thyroïde de chimpanzé à un jeune enfant considéré comme « crétin » et qui n'en sera pas moins mobilisé, quelques années plus tard, pour défendre la patrie. Après le déclenchement de la Première Guerre mondiale, le gouvernement russe lui demande de fonder et gérer un hôpital au château de Dalamond près de Bordeaux pour soigner bénévolement les soldats français blessés, puis à Paris – à l'hôtel Carlton, sur les Champs-Élysées ! – après la victoire de la bataille de la Marne. Il constate les dégâts causés par les fractures ouvertes et, très vite, avec l'aval des autorités, développe un service de greffes osseuses. Avec Carrel, il réalise un greffon d'un os de macaque sur un blessé pour lequel tous les traitements avaient échoué depuis plusieurs mois. L'opération est un succès partiel ou un échec selon les opinions. Il publie le premier *Traité des greffes osseuses et articulaires* ; la greffe devient une méthode chirurgicale reconnue.

Décidément très actif, il reçoit des financements publics pour développer ses recherches à la « Station physiologique » du Collège de France située au Parc des Princes. (C'est là qu'Étienne-Jules Marey réalise ses travaux sur la physiologie de la locomotion humaine et animale grâce à la chronophotographie, qu'il invente.) En 1917, il fait la connaissance de Frances Evelyn Bostwick, comtesse de Périgny, qui l'assiste dans ses travaux. Infirmière dans l'armée anglaise pendant la guerre du Transvaal, formée à New York, elle dispense ses soins à l'hôpital du Val de Grâce et sur le front. Grande mécène, elle dote l'hôpital anglais de Jymington d'une salle d'opération. Elle en fait de même pour le laboratoire du Collège de France, où elle exerce comme assistante bénévole, en le gratifiant d'une dotation importante en 1918. Les deux protagonistes assurent le financement des recherches sans oublier de se marier en 1919.

À la fin de cette même année, le laboratoire devient « Station de chirurgie expérimentale, Fondation Voronoff ». Ce dernier dirige la structure tout en devenant directeur du laboratoire de biologie de l'École pratique des hautes études. Il n'a jamais été professeur au Collège de France. Après la Seconde Guerre mondiale, il cède courtoisement le laboratoire au professeur Leriche avec tous les moyens et dotations associés. La Fondation Voronoff, dont les fonds proviennent toujours de la même dotation de 1919 assise sur des revenus en actions, est acceptée par décret en 1920 et reconnue par arrêté en 1925. Malgré les calomnies, l'éthique chère au Collège de France explique ces délais et, de nos jours, l'assemblée des professeurs décide des allocations issues des revenus de la fondation et attribuées aux divers laboratoires de biologie, de physiologie et d'histologie[17].

Les recherches de Voronoff sur le rajeunissement le poussent à greffer des tissus de testicules dans différentes parties du corps, avant de se fixer sur le scrotum. Il lance un vaste programme sur le rajeunissement des animaux afin d'améliorer la qualité des cheptels en greffant des testicules de jeunes individus sur de plus âgés. Il reçoit des soutiens étonnants, comme celui de monseigneur Leray, supérieur général de la congrégation du Saint-Esprit. Son souci est que, depuis le concile de 1640, aucun eunuque ne peut devenir prêtre. (Et de rappeler la vérification de l'intégrité masculine d'un pape nouvellement élu qui passe sur la *sella stercocaria* où un jeune novice à la main experte confirme la présence des testicules en clamant : *duos habet et bene pendentes* – « il y en a deux et bien pendantes ».)

Quelques greffes de tissu testiculaire de chimpanzé sur des hommes âgés et de haut rang social suscitent une demande de plus en plus grande. Seulement les donneurs volontaires ne se précipitent pas et Voronoff décide de se tourner vers les singes : chimpanzés, babouins, macaques et gibbons. C'est ainsi que les chimpanzés se retrouveront protégés par les autorités coloniales pour préserver leurs précieux testicules. Mais très vite Voronoff crée une station d'élevage de singes et de grands singes dans le comté de Grimaldi, près de Vintimille, la toute première en Europe. Voronoff fait fortune et, tout naturellement, le succès de ces opérations suscite jalousie et scepticisme. Avec son collègue Dartigues, il effectue des greffes d'ovaires de chimpanzé sur des femmes âgées qui prétendent retrouver une seconde vitalité. Ils pratiquent aussi des xénogreffes dans les deux sens avec des tissus humains sur des singes… Il filme et diffuse ses techniques de greffe qui, bientôt, se pratiquent ailleurs dans le monde. Si certaines sociétés savantes de médecine et de chirurgie critiquent la validité des résultats annoncés sur le rajeunissement, d'autres témoignent d'un vif intérêt. Ne pourrait-on pas améliorer le sort des vieillards dans les hospices ?

Évidemment, la presse et les chansonniers s'emparent du sujet. Dans un dessin humoristique, on voit un couple avec un homme et une femme devant la cage d'un chimpanzé. Celui-ci se dit qu'il est perdu, ses testicules étant promis au monsieur tandis que la dame aura sa toison (la mode de l'époque aimait les élégantes portant des manteaux en fourrure de singe). Sur des cendriers en forme de chimpanzés assis et se protégeant les testicules on pouvait lire : « Non Voronoff, tu ne les auras pas ! » Un cocktail revitalisant s'appelle « glandes de singes » (version pionnière de l'*after*) et des chansons sur ce thème connaissent un grand succès, comme celle du film *The Cocoanuts* des Marx Brothers. On n'a jamais parlé autant des singes dans les dîners en ville ! Ce sont les années folles, pas pour les chimpanzés, qui seront sauvés par la Seconde Guerre mondiale et les avancées scientifiques sur l'endocrinologie et la découverte, puis la synthèse de la testostérone à partir de testicules de… taureau. Olé pour les singes !

Voronoff était parti en Amérique pour diffuser ses expériences chirurgicales en 1939 et doit y rester jusqu'à la fin de la Seconde Guerre mondiale. Ses travaux sont de plus en plus critiqués en regard des avancées spectaculaires de la médecine de plus en plus orientée vers la recherche biologique, et dans une perspective de plus en plus évolutionniste. Il démissionne de la direction de sa fondation, qu'il lègue au Collège de France avec tous ses moyens. Puis, il se retire et meurt à Lausanne en 1951.

L'œuvre de Voronoff tombe dans l'oubli avec des jugements *a posteriori* injustifiés, comme celui de charlatanisme. Récemment, certains ont suggéré que les origines du sida provenaient de ces greffes de tissus de singes porteurs du VIH. Tout cela n'a guère de sens. Quels que soient les domaines, les pionniers restent des aventuriers qui ont exploré des voies inconnues en payant de leur personne[18]. Voronoff était contre la vivisection et préconisait l'anesthésie générale pour les animaux impliqués malgré eux dans la recherche médicale. Chaque époque a son éthique, celle d'aujourd'hui ne serait pas sans les avancées des périodes précédentes. C'est cela aussi l'évolution.

Des hommes et des singes

L'ouverture des archives de l'ex-Union soviétique a révélé des projets qui ont fasciné la presse occidentale dans les années 2000. C'est ainsi qu'on aurait découvert que Joseph Staline aurait soutenu le projet de financer la création d'êtres hybrides entre des hommes et des grands singes, autrement dit des soldats entièrement soumis à la volonté du Parti, dociles, puissants, intelligents, fidèles et insensibles à la douleur. Le scientifique responsable de ces recherches, surnommé le « Frankenstein rouge », s'appelle Ilia Ivanovitch Ivanov (1860-1932).

Ivanov commence sa carrière dans la recherche vétérinaire et obtient rapidement des postes à hautes responsabilités. Il se distingue comme un des pionniers de l'insémination artificielle. La Russie a grandement besoin d'améliorer son cheptel chevalin. Ivanov réussit à inséminer plus de 500 juments avec le sperme d'un étalon, décuplant les résultats obtenus par les méthodes traditionnelles. Sa réputation devient internationale. Mais il se passionne aussi pour les hybridations entre espèces proches. Au départ, il s'agit de revitaliser des espèces domestiques avec leurs représentants sauvages les plus proches. Il obtient un *zorse* entre un zèbre et un cheval de Przewalski, un *zeedonk* entre un zèbre et un âne ou encore un *zubron* entre un bison européen et une vache (ces noms anglicisés ont été inventés plus tard). Il fait de même entre des espèces de souris, de rats, de cochons, de lapins... Puis, au cours d'une réunion scientifique de zoologistes se tenant à Graz en 1910, il annonce qu'il est certainement possible de procéder au même type d'opération entre des hommes et des grands singes. La plupart des scientifiques se montrent dubitatifs d'un point de vue scientifique et surtout éthique. D'autres se montrent plus enthousiastes...

L'idée est lancée et elle resurgit après la révolution. Ivanov propose le projet au gouvernement soviétique en 1924, bien qu'il soit désapprouvé par les instances scientifiques. Pourquoi ? Le contexte a changé. Avant la révolution, la religion dominait la morale sociale. Or elle défend l'homme à l'image du créateur. Elle s'oppose à l'évolution darwinienne et à l'idée inconcevable que l'homme puisse descendre du singe. À cela s'ajoute le dogme d'une conception essentialiste de l'espèce et de l'interdiction de manipuler le vivant. Dans le contexte athéiste de la jeune URSS, montrer la proximité génétique, voire l'hybridation avec des grands singes, serait une récusation du mythe de la création et de Dieu. C'est certainement là le vrai motif, purement idéologique, du financement des recherches d'Ivanov.

En 1926, dûment missionné et financé par le gouvernement soviétique – et d'après certaines sources par des fonds américains importants –, Ivanov entame sa mission qui passe par Paris. Il a besoin d'avoir accès à des chimpanzés et pour cela il se rend à l'Institut

Pasteur qui dispose du tout nouveau centre de recherche avec des primates à Kindia, en Guinée. Comment a-t-il présenté son projet ? En tout cas, il se rend en Afrique occidentale. Déception, aucun chimpanzé n'est en âge de se reproduire. Il revient à Paris et rencontre Serge Voronoff dans l'espoir d'obtenir un de ses chimpanzés hébergés dans le sud de la France. (Voronoff aurait donné deux chimpanzés à Pavlov.) C'est au cours de l'été de cette même année que Voronoff et Ivanov transplantent un ovaire de femme dans le corps d'une femelle chimpanzé appelée Nora et, ensuite, l'insémine avec du sperme humain. La presse attend l'« heureux événement », qui n'arrive pas, mais prend connaissance du projet d'hybridation d'Ivanov. Quelle sera l'issue de telles expériences ? Et, surtout, quelles sont les réelles intentions des Soviétiques ?

Ivanov repart en Guinée pour capturer des chimpanzés. Trois femelles sont inséminées avec du sperme humain. Des rumeurs disent qu'il s'agit du sien ou de celui de son fils, qui fait partie de l'aventure. (On imagine l'ambiance pour la fête des pères !) En fait, il y a fort à parier que, dans le climat de racisme évolutionniste de l'époque, ils utilisèrent du sperme d'individus africains, considérés comme plus primitifs et donc plus proches des grands singes. Il a aussi l'idée d'inséminer des femmes africaines avec du sperme de chimpanzé, ce qu'elles refusent évidemment. Là encore, une vieille idée qui vient d'Aristote prétend que seule la semence du mâle détermine les caractères de la descendance, les femmes ou les femelles n'étant que des réceptacles nécessaires au développement. Tous les grands esprits qui se sont posé la question de l'hybridation – comme Jean-Jacques Rousseau – évoquent toujours une expérience entre un grand singe mâle et une femme. Pourquoi pas entre un mâle humain et une femelle chimpanzé ? Question de libido ? En tout cas, devant la résistance des femmes africaines, Ivanov envisage de les inséminer à leur insu sous prétexte d'examens médicaux, ce qu'interdit formellement le gouverneur. Pour finir, Ivanov fait chou blanc en Afrique.

Le centre de primatologie de Sukhumi

Il repart avec une vingtaine de chimpanzés qu'il décide d'installer dans un nouveau centre de recherche dans la région la plus subtropicale de l'Union soviétique : la région de Sotchi dans la Géorgie de l'époque, patrie de Staline. C'est ainsi que sera fondé le premier centre de primatologie et de recherche médicale du monde (avec le soutien de Voronoff et d'autres[19]). Cependant, on connaît très mal les chimpanzés et seuls les plus jeunes, sexuellement immatures, survivent. (Les premières techniques pour acclimater et élever des grands singes commencent là.) Qu'à cela ne tienne, il y a des femmes russes et il recherche parmi elles des volontaires. Cinq accepteront. Reste à trouver un mâle. Le seul disponible sur place est Tarzan, un vieil orang-outan de 26 ans, qui meurt avant le début des expériences. Un autre est en chemin, mais la grande purge stalinienne et la volonté d'une nouvelle science prolétarienne frappent durement la communauté scientifique. Ivanov est envoyé en exil dans le centre vétérinaire d'Alma-Alta au Kazakhstan où il meurt en 1930. Ivan Pavlov rédige son éloge funèbre.

Alors, quels étaient les vrais ressorts de ce projet digne des docteurs Frankenstein et Moreau ? S'il nous semble complètement monstrueux à la lumière des connaissances et de l'éthique actuelles, il en allait autrement dans le contexte scientifique de l'époque. La jeune théorie de l'évolution darwinienne décrit les relations de parenté entre les espèces, la notion d'espèce étant elle-même encore loin d'être comprise. En ce début du XXe siècle, les études sur la génétique et l'hérédité commencent tout juste et les chromosomes viennent à peine d'être découverts. Le caryotype de l'homme et des grands singes, avec notamment le nombre de chromosomes, n'est décrit que dans les années 1950, avec 23 paires pour l'homme et 24 pour les grands singes. Il y a donc incompatibilité chromosomique entre les hommes et les grands singes, ce qu'ignoraient Ivanov comme tous ses collègues de son temps. Mais on sait aujourd'hui qu'il suffit d'une dizaine de bricolages pour passer du caryotype d'un chimpanzé à celui d'un homme, comme la fusion de deux chromosomes pour donner notre chromosome 2. D'ailleurs, ce sont des expériences faites par des chercheurs français sur l'« hybridation » (en éprouvette) des chromosomes qui ont mis en évidence ces petites différences dans les années 1970.

La révélation du projet d'Ivanov a nourri la presse à sensation au début des années 2000, comme si la chute de l'Empire avait ouvert la boîte de Pandore. Est-ce que Staline avait le projet d'une Armée rouge avec des *humanzees* ou autre *panhumans* ? Franchement, quand on connaît les comportements des chimpanzés – ce qui n'était pas le cas à l'époque –, on souhaite beaucoup de chance aux officiers et aux sous-officiers. (Les seuls grands singes susceptibles de faire de bons soldats seraient les gorilles – et encore –, sauvés de ce genre de projets complètement dingues par le film *King Kong* sorti en 1933.) Il y a bien les bonobos, pas encore identifiés comme tels à cette époque, mais leur façon de faire la guerre est plus apte à affronter des hippies que ce qu'on attend face à des troupes de l'OTAN.

Une autre raison aurait été l'intérêt de Voronoff pour la « rejévunélisation », qui aurait pu concerner les vieux cadres du Parti. Mais la révolution est encore récente, menée par de jeunes hommes loin d'imaginer la décrépitude et la gérontocratie brejenéviennes. Dans les années 1920, même le Comité central ignore ce que sera la montée en puissance de Staline ; et l'installation du centre de primatologie dans la Géorgie se motive essentiellement par des facteurs climatiques. Comme déjà évoqué, la meilleure explication vient de la volonté politique d'éradiquer la religion, l'« opium du peuple », pour instaurer un État athée avec la promesse d'un paradis prolétarien sur la terre à la gloire du Parti et de ses cardinaux rouges. D'ailleurs, depuis ces révélations, tous les sites créationnistes se sont emparés de cette affaire, tout heureux et béats de l'échec des expériences d'Ivanov, preuve que l'homme est à l'image de Dieu. Quelle démence chez les adeptes des paradis terrestres ou célestes. Et, dans tout ça, les grands singes n'y sont pour rien[20] !

Évidemment, la science-fiction s'est invitée dans cette affaire et il serait intéressant de regarder du côté de l'écrivain Isaac Asimov (né en Russie), qui est à l'origine d'une anthropologie entre les hommes et les robots étonnamment actuelle. Des auteurs ont prétendu que les Soviétiques avaient développé le projet de la conquête de Mars, la « planète rouge », comme en témoigne leur avance pour les vols spatiaux. Le vol spatial de Spoutnik 1 réveille brutalement l'Amérique le 3 octobre 1957 avant qu'elle soit sonnée par celui de Spoutnik 2 transportant la chienne Laïka le mois suivant. (La première sonde d'essai vers Mars est Spoutnik 22, lancé en 1962). Les singes seront-ils présents dans l'espace avant les hommes ? Les Américains prennent conscience de leur retard. Les États-Unis et l'URSS engagent un grand programme de collaboration scientifique, ce qui amène plusieurs délégations à visiter le centre de primatologie de Sukhumi. Les Américains constatent qu'ils ont pris autant de retard avec les singes que pour l'espace. Le Congrès décide la création de sept centres de primatologie sur le modèle de Sukhumi. Est-ce un hasard ? C'est le grand renouveau des sciences de l'évolution darwinienne, la théorie synthétique, dont un des grands acteurs est le généticien Theodosius Dobzhansky, né en Ukraine et émigré aux États-Unis en 1932 à cause de la censure de la « science prolétarienne » imposée par Lyssenko. L'URSS va passer à côté de la révolution génétique, tout comme la France, en raison du poids du Parti communiste sur la politique scientifique de la France jusque dans les années 1960, au grand dam de Jacques Monod et d'autres.

Il semble que la science-fiction et Mars stimulent l'imagination des auteurs russes. C'est le cas aussi d'Alexis Tolstoï, lointain parent du grand Tolstoï. Homme versatile, ambitieux et prêt à tous les compromis pour sa gloire personnelle, il écrit un roman intitulé *Aelita. Voyage vers Mars*, connu aussi sous le titre de *La Reine de Mars*. Notre Tolstoï le petit avait tout de même du talent puisque le compositeur Dmitri Chostakovitch lui demanda d'écrire le livret d'un opéra intitulé *Orango* (d'après l'orang-outang Tarzan de Sukhumi ?) à l'occasion de la célébration du quinzième anniversaire de la révolution d'Octobre. Le thème de l'opéra s'inspire des travaux d'Ivanov à la suite d'une visite du centre de Sukhumi par le compositeur. Livrée en retard et en raison des problèmes du compositeur avec le régime en place (Chostakovitch fut plusieurs fois arrêté et failli même être fusillé en 1937), l'œuvre ne fut jamais jouée. Presque soixante-dix ans après, une chercheuse retrouve la partition et le livret au musée Glinka de Moscou. Le « Prologue » fut présenté pour la première fois par le Philharmonique de Los Angeles sous la direction d'Esa-Pekka Salonen avec une mise en scène de Peter Sellars. Tout cela se termine de belle façon.

Dans cette esquisse peu connue du génie et des audaces des sciences russes, on s'aperçoit que la science-fiction est dépassée par les sciences en train de se faire. Et c'est encore plus vrai à propos des sociétés et de leurs utopies matérialistes. George Orwell et Herbert G. Wells, d'abord sympathisants des promesses de l'expérience communiste, ne tardent pas à prendre conscience des dérives totalitaires et démiurgiques. Un siècle après *Frankenstein, le Prométhée moderne* de Mary Shelley, annonciateur des expériences d'hybridations, *L'Île du docteur Moreau* et *La Guerre de Mondes* de H. G. Wells comme *La Ferme des animaux* et *1984* de G. Orwell ressortent presque de la banalité. Ces histoires extraordinaires avec des êtres modifiés nous ramènent à Alexandre Bogdanov qui, en 1908, publie un roman de science-fiction intitulé *L'Étoile rouge*. (La même année, Gustave Le Rouge publie le fabuleux *Prisonnier de la planète Mars*...) Sur la planète rouge, les travailleurs assument la maîtrise des moyens de production en toute liberté et développent une économie basée sur l'entraide. Cette utopie décrit une planète avec une société guidée par le respect de l'égalité des sexes, avec des femmes libérées de l'esclavage domestique et jouissant des mêmes libertés sexuelles... Cette fiction-là n'est pas pour demain. En revanche, avec un tel héritage scientifique, est-il surprenant qu'une femme de Neandertal revienne dans notre monde pas si *sapiens* que cela ?

CHAPITRE 5

Neandertal, les Aryens et les Almas

Depuis les premières découvertes de leurs ossements, les hommes de Neandertal ont traversé un long purgatoire. Que n'a-t-on pas dit ? Qu'ils étaient des dégénérés atteints d'acromégalie ; que ces ossements étaient le squelette d'un individu atteint d'une grave pathologie ; que leurs restes appartenaient à un Cosaque lancé à la poursuite de Napoléon tombé de cheval (notons au passage que les millésimes 1814, 1914 et 2014 produisent de vilaines relations entre l'Est et l'Ouest de l'Europe) ou encore des vestiges d'idiots, ce terme étant particulièrement péjoratif à l'époque du triomphe de la morphopsychologie et de la criminologie de Cesare Lombroso (1835-1909). Ce dernier pensait que les Néandertaliens représentaient une « race » préhistorique et non pas des idiots égarés dans les temps modernes. Le fort bourrelet osseux au-dessus des yeux et le front incliné se retrouvent chez les criminels tels qu'ils sont décrits par Lombroso. Autrement dit, et selon les termes de l'époque, le Néandertalien, le « crétin des Alpes », le « brigand sicilien » ou le « sauvage d'Afrique noire » portent les mêmes stigmates de la violence primitive[1].

La paléoanthropologie sous influence raciste

Ainsi, peu après les découvertes de la vallée de Neander, l'anthropologie physique, l'ethnologie et la théorie de l'évolution naissantes se confondent dans la raciologie. Les peuples occidentaux se placent au sommet d'un schéma dirigé de l'évolution sur lequel le mythe aryen n'a plus qu'à s'accrocher comme un ignoble parasite. Et tandis que l'*Homo sapiens* s'aryanise au fil des reconstitutions, l'homme de Neandertal voit son image se dégrader, devenant plus proche du singe troglodyte que d'*Homo sapiens*.

Quant aux Noirs d'Afrique, ils méritent leur statut d'esclave car ils portent les marques sombres de la servitude. Pour certains, c'est parce que Dieu l'a voulu ainsi ; pour d'autres, c'est un fait de nature. Celles et ceux qui oppriment les autres humains en appellent à des lois divines ou naturelles, parfois les deux, ce qui justifie des horreurs encore plus abominables. Dans tous les cas, la « racialogie » imprime durablement l'imaginaire anthropologique et il n'est pas certain que la scène géniale sur la morphopsychologie jouée par Leonardo DiCaprio dans

Django Unchained de Quentin Tarantino, avec un héros noir et un docteur allemand antiraciste, suffise à éradiquer le virus de l'idiotie raciste.

Chaque fois qu'une caste se revendique supérieure aux autres, elle édifie un discours arguant de sa supériorité et de sa pureté raciales, d'une migration depuis un berceau, un pays fantasmé, ou un paradis perdu et d'une mission d'émancipation et civilisatrice ; tout cela placé sous la bénédiction de divinités supérieures – le plus souvent un Dieu unique – et créatrices. Les Aryens qui s'implantent en Europe et seraient à l'origine des classes aristocratiques, le « fardeau de l'homme blanc » selon Rudyard Kipling pour justifier le colonialisme, les conquistadors et la domination des Amérindiens, les Tutsis contre les Hutus, les conflits récents en Europe centrale et orientale marqués, chaque fois, par des génocides… C'est en fait toujours la même rengaine, comme avec les *Homo sapiens* assurant l'ultime étape de l'évolution humaine. Exagération ? Il suffit de se référer aux modèles évoqués par les paléoanthropologues occidentaux : Ève mitochondriale, Adam chromosomique, Arche de Noé, traversée de la mer Rouge… Les mythes récents se fossilisent mieux que les crânes anciens.

Races, caractères et psychologie

Les Néandertaliens en ont pris plein la figure alors qu'ils reposaient en paix dans leurs sépultures. De savantes théories expliquaient leur archaïsme par des origines africaines, forcément, alors que les *Homo sapiens* étaient de souche européenne, évidemment. Pour les puristes aryens, tous les peuples inférieurs seraient issus de mélanges avec ces affreux Néandertaliens. Les études récentes nous disent exactement l'inverse puisque les peuples africains subsahariens actuels sont justement les seuls à ne pas avoir d'ADN néandertalien, bien qu'ils présentent les plus grandes diversités génétiques et linguistes actuelles.

Toujours selon ces théories, le faciès biologique et le faciès culturel se retrouvaient associés, les Néandertaliens étant des « Moustériens » et les Cro-Magnon des « Aurignaciens ». On en est encore là aujourd'hui avec cette question de la transition entre Neandertal et Cro-Magnon en Europe et dans le corridor de la mer Noire, autrement dit entre la fin des cultures moustériennes du Paléolithique moyen associées à Neandertal et celles du début du Paléolithique supérieur attribuées à *Homo sapiens,* comme l'Aurignacien, mais dans un contexte anthropologique complètement inversé. En effet, des paléoanthropologues et des préhistoriens[2] ont montré que les Néandertaliens étaient les auteurs du Châtelperronien, considéré auparavant comme l'œuvre d'*Homo sapiens*, tout en rappelant qu'on ne dispose que de rares restes osseux d'*Homo sapiens* en relation avec la culture aurignacienne. Plus renversant encore, le fait que les Néandertaliens soient européens et à la peau claire depuis des centaines de milliers d'années, tandis que les *Homo sapiens* arrivent tout bronzés d'Afrique il n'y a pas plus de 40 000 ans…

D'ailleurs, depuis que les paléogénéticiens ont mis en évidence la peau claire et les cheveux roux des Néandertaliens, les vilains démons racistes ont refait surface. Mais tous n'étaient certainement pas ainsi et, comme toute espèce, celle des Néandertaliens connaissait des variations de caractères, d'autant que leur population se répartissait de l'Europe à la Sibérie. Toutes les « races » ont été définies de façon arbitraire à partir de caractères – comme la couleur de la peau ou la morphologie – qui sont, justement, les plus susceptibles de varier. Est-ce qu'un Parisien parti avec un teint cireux en Tunisie et qui en revient très bronzé aurait changé de « race » pendant ses vacances ?

La dispersion de petites populations favorise les dérives génétiques, sans oublier la sélection sexuelle qui fait que les femmes et les hommes font des choix au gré de leurs désirs, car toutes nos différences ne sont pas qu'adaptatives, autrement dit issues de processus de sélection naturelle. Comme l'écrivait Darwin : « […] j'en conclus que de toutes les causes qui ont conduit aux différences d'apparence extérieure entre les races d'hommes, et jusqu'à un certain point entre les hommes et les animaux inférieurs, la sélection sexuelle a été plus efficace[3]. » Au passage, il critique, selon ses termes, la « croyance » qui lie l'intelligence à la taille du cerveau et mentionne pour illustration le grand cerveau des Néandertaliens qui, fait rare à une époque marquée par la racialogie et l'anthropologie physique discriminatrice, n'est pas désigné comme archaïque ou primitif, mais comme une caractéristique de la haute Antiquité. Hélas, le courant dominant de la pensée raciste se renforce avec l'édification du mythe aryen.

Heureusement, beaucoup de grands esprits ne s'arrêtent pas à ces stupidités morphopsychologiques. Sigmund Freud, fin connaisseur de l'ethnologie dans ses premières heures[4], édifie une approche des fondements de la psychologie en dehors de ce fatras d'idioties morphologiques. Tout aussi surprenants sont ces hommes d'Église qui ont révélé au monde l'humanité de l'homme de Neandertal avec la découverte de la sépulture de La Chapelle-aux-Saints en 1908 : les chanoines Amédée, Jean et Paul Bouyssonie et l'abbé Bardon. Très vite, ils en informent leurs autorités respectives. L'accueil est frais du côté de la hiérarchie catholique, mais heureusement les quatre hommes ont écrit à l'abbé Breuil pour lui faire part de leur découverte. Et celui-ci recommande que l'étude anthropologique du squelette soit confiée à l'anthropologue Marcellin Boule qui, si elle reste une référence pour la méthode, inaugure une longue tradition d'une interprétation simiesque des Néandertaliens.

Neandertal renverse les préjugés

D'une certaine façon, c'est une chance que nous ayons trouvé l'homme de Neandertal pour régler nos problèmes de diversité sexuelle, biologique et culturelle. Quand les paléoanthropologues constatent que son cerveau est bien plus gros que celui d'*Homo sapiens*, l'argument qui justifiait la supériorité intellectuelle des hommes sur les femmes a été relativisé *illico presto*. Tout comme l'affirmation des origines africaines récentes d'*Homos sapiens* a fortement secoué les thèses racistes.

Mais ce n'est pas gagné pour autant. Des paléoanthropologues perpétuent la tradition en décrivant les Néandertaliens comme de plus en plus massifs avec des membres courts, ce qui réduit mécaniquement la taille relative de leur cerveau. Ils glosent sur leur os frontal incliné, signe morphopsychologique d'une moindre empathie et de déficit de relations sociales, leur croissance plus rapide mais leur maturité plus tardive ; ils contestent leurs sépultures et leurs capacités langagières et, enfin, ils récusent leurs aptitudes artistiques comme la découverte de la flûte de Divje Babe en Slovénie, qui atteste pourtant leurs talents musicaux[5], ou des innovations technologiques comme le lissoir pour travailler les peaux[6]. La malédiction des roux et des Néandertaliens continue…

Donc, en l'état des connaissances les plus récentes, la pureté du mythe aryen qui revient périodiquement comme un vilain furoncle en Europe, devient celui-ci : les populations à peau claire d'*Homo sapiens* proviennent de mélanges génétiques entre Néandertaliens et *Homo sapiens* (la sélection sexuelle s'amusant à saper la pureté raciale), ce qui donne un avantage à ces derniers au cours des âges glaciaires (sélection naturelle et non pas divine), suivi d'une diaspora depuis le corridor de la mer Noire (considéré comme l'un des berceaux des peuples aryens).

Une question avant de finir : comment expliquer que le mythe de la pureté aryenne ait été soutenu par Hitler et ses sbires qui, franchement, ne répondaient pas à ces critères ? C'est bien que le racisme est une pathologie aveugle qui n'a rien à voir avec les gènes. Ne confondons pas dérives génétiques et dérives idéologiques !

Y a-t-il encore un Néandertalien sur la Terre ?

Ce n'est pas tout. La disparition relativement récente des hommes de Neandertal réactive un fonds de mythes enfouis dans les tréfonds de l'imaginaire glaciaire des *Homo sapiens* : *Le Monde perdu* de Conan Doyle, l'Atlantide, les Amazones, l'ethnie isolée… Il ne faut pas confondre la recherche des hommes fossiles, ce qu'on appelle la paléoanthropologie, avec la quête d'espèces de grands animaux considérés comme disparus, mais faisant encore l'objet de récits ou d'évocations dans les récits et les légendes. Cela, c'est la cryptozoologie[7]. Avec l'affaire Neandertal, on parle plutôt de *cryptoanthropologie*.

Deux grands types d'écosystèmes focalisent la quête des ultimes populations anthropoïdes oubliées : les forêts tropicales et les îles perdues d'une part, le grand Nord et les hautes chaînes de montagnes d'autre part. Le monde luxuriant des forêts et des îles tropicales ne concerne pas les Néandertaliens. Ce qui ne veut pas dire que cela n'interfère pas dans nos relations originelles avec les grands singes, parfois de façon angoissée comme l'illustre la découverte du gorille en Afrique de l'Ouest au moment même où l'on met au jour les premiers hommes de Neandertal en Europe[8]. Une grande polémique éclate en Angleterre au début des années 1850 entre Richard Owen, qui nie toute ascendance depuis un monstre pareil, et Thomas Huxley qui voit en lui un type ancestral convenable. Cette « guerre du gorille » déteint sur les Néandertaliens, décrits comme de grands singes velus et farouches défendant leurs cavernes à coups de gourdin. Une sorte de mythologie sombre se construit au cours du XIXe siècle avec l'idée de mondes perdus et de voyages périlleux, angoissants, vers les origines et la rencontre d'être animés d'une violence primitive. Le gorille, tel que décrit par Paul Belloni du Chaillu dans *Voyage en Afrique occidentale* (1864) inspire le film *King Kong* de M. C. Cooper et E. B. Schoedsack de 1933 dans une ambiance oppressante magistralement décrite par Joseph Conrad dans sa nouvelle « Au cœur des ténèbres »

(1899) et si bien évoquée dans le *King Kong* de Peter Jackson (2005).

Toutefois, une mention spéciale va au yéti, le plus grand singe hominoïde ayant jamais existé sur Terre. Les anthropologues l'appellent *Gigantopithecus blacki,* autrement dit le « singe géant de Black » en l'honneur du paléontologue canadien Davidson Black. Ce dernier est le découvreur des célèbres sinanthropes de l'espèce *Homo erectus*, les « hommes de Pékin », au début du XXe siècle. La confusion jaillit assez vite, d'autant que les *Homo sapiens* n'hésitent pas à confondre leurs ancêtres humains avec les grands singes. Quelle ignorance ! En fait, les hommes de Denisova, qui se baladaient parfois sur les contreforts de l'Himalaya, ont croisé ces yétis, qui ressemblaient plus à de gros et paisibles orangs-outans mangeurs de bambous qu'à des gorilles, comme dans *Tintin au Tibet*. Pour écrire cette aventure, Hergé s'était associé à Bernard Heuvelmans, le pape de la cryptozoologie. Pour une fois, que ce soit dans *L'Île noire* ou dans *Tintin au Tibet*, le gorille comme le yéti apparaissent bien plus sensibles et empathiques que dans tous ces clichés stupides qu'on leur colle à la peau. Alors yéti, y es-tu ? Certainement, mais cela fait déjà très longtemps.

Le mystère de Zana et de l'alma résolu par l'ADN

La mise en évidence de la présence récente des Néandertaliens sur l'immense Asie et la découverte d'une autre lignée, celle de Denisova, qui toutes les deux ont laissé des gènes dans les patrimoines génétiques des populations eurasiatiques actuelles, stimulent les passions cryptoanthropologiques. Mais dorénavant, les techniques de l'anthropologie moderne et la génétique s'invitent dans le débat et produisent des résultats inattendus, notamment à propos du yéti ou almasty dans sa version caucasienne (ce qui donne alma au féminin), sans compter cette énigme d'une femme sauvage du Caucase appelée Zana.

En 1921, vers la fin de la guerre civile, un escadron de l'Armée rouge traque les derniers résistants de l'Armée blanche dans les contreforts du Caucase aux confins du Pamir. Pensant que les rebelles s'étaient réfugiés dans une grotte, le général ordonne de tirer dans l'ouverture. Lui et ses soldats entendent des cris et voient sortir un être de grande taille, velu, avec une face puissante. La créature s'effondre. Est-il seul ou est-ce que l'escadron a été attaqué par plusieurs individus ? Les versions divergent, mais pas la description du médecin et du général qui reconnaissent un humain avec une morphologie puissante et une mâchoire impressionnante. L'épisode intéresse les cryptozoologues puisque cette région se trouve entre celle du yéti à l'est et de l'alma à l'ouest.

Avec un peu d'ironie, l'Armée rouge se sort mieux de cette escarmouche de l'Alma que lors de la bataille sur la rivière du même nom perdue par les troupes du tsar pendant la guerre de Crimée. Ce qui nous amène à l'énigme de Zana.

Une femme sauvage est capturée par des paysans dans une région reculée de la Géorgie en 1850. D'une grande corpulence, d'une force physique hors du commun, le corps couvert de poils bruns, les cheveux roux et une peau sombre aux reflets anthracite lui valent le nom de Zana, ce qui veut dire « noire » en russe. Elle est capturée avec violence telle une bête sauvage, exhibée, vendue plusieurs fois avant de se retrouver chez un noble, Edgi Genaba, qui l'installe dans son village de Tkhina, en Abkhazie. Jusque-là, son infortune rappelle à la fois celles des enfants sauvages et de la Vénus hottentote[9].

Son « maître » lui laisse de plus en plus de liberté et elle s'intègre à la vie du village, subissant harcèlements, moqueries et humiliations. Elle aime beaucoup les raisins et surtout le vin. Les hommes s'amusent à la faire boire et ces bacchanales sordides lui valent plusieurs grossesses. Pas moins de six enfants lui assurent une descendance nombreuse qui se disperse dans les régions du Caucase, dont un fils nommé Khwit.

Cette aventure motive plusieurs expéditions anthropologiques alors que Zana est décédée depuis longtemps. On ne retrouve pas sa sépulture, mais celle de Khwit. Son crâne est indubitablement humain, mais avec des caractères archaïques (mâchoire puissante, pommettes robustes, relief osseux saillant au-dessus de grandes orbites, front incliné...). Il impressionne les anthropologues russes de l'Université de Moscou qui, malgré tout, ne se trompent pas en reconnaissant un homme qui n'a rien à voir avec un Néandertalien et encore moins avec un grand singe. En tant qu'anthropologue, et d'après les photographies[10], je confirme que ce crâne ressemble à celui d'un homme de Cro-Magnon plutôt robuste. Par conséquent, ces caractères considérés comme primitifs n'ont rien de tel, sauf qu'ils sont normaux pour des individus de grande taille et de cette époque... en précisant fermement qu'il s'agit toujours de notre espèce.

C'est là que la paléogénétique vient confirmer la morphologie. Le professeur Bryan Sykes est un généticien d'Oxford spécialisé dans ces questions. Il est un des pionniers de l'étude de l'ADN fossile. Il intervient sur les questions du peuplement de l'Europe et du Japon, par exemple, et a participé à l'identification des derniers Romanov et de leurs descendants. Est-ce pour cela que ses collègues russes lui ont demandé de se pencher sur le cas de Zana (qui n'a aucune accointance avec la famille Romanov) ? Il compare l'ADN de six descendants actuels de Zana et celui extrait d'une dent de Khwit. Verdict : l'ADN de Zana est totalement subsaharien ! Elle n'a aucune trace d'ADN des populations eurasiatiques actuelles, et encore moins de Neandertal ou de Denisova, ce qui renforce le résultat des origines africaines de Zana. Alors, qui était-elle ? Certainement une des esclaves déportées dans le Caucase par les Ottomans et libérée après la conquête du Caucase et de la Crimée par les Russes. Comme quoi, nos histoires commencent toujours en Afrique…

Les recherches actuelles de Sykes s'inscrivent dans une étude plus large à propos des yétis, bigfoot, almasty et consorts[11]. Ses conclusions à propos de l'ADN des poils attribués à ces créatures anthropoïdes sont les suivantes : les yétis et autres seraient des hybrides d'ours polaire et brun ! Qu'il s'agisse des ours ou des hommes, il s'est tout de même passé de drôles de choses entre toutes ces espèces aux confins du Caucase, de l'Oural et de l'Himalaya.

Mais revenons aux Néandertaliens. On retrouve Bernard Heuvelmans impliqué dans une histoire singulière, celle de l'« homme de glace » du Minnesota. En 1960, un curieux personnage aurait acquis dans une foire le corps d'un homme congelé dans un bloc de glace. Très vite, on évoque un Néandertalien. L'affaire fait grand bruit dans les médias, jusqu'à ce que le FBI s'en mêle. Mais il n'y aura jamais d'analyse anthropologique et tout cela retombe comme un soufflé glacé. Cependant, l'idée que des hommes préhistoriques ont survécu aux âges de glace quelque part dans de hautes montagnes ou sous de hautes latitudes ne cesse d'exciter les imaginaires, suscitant de nombreuses fictions écrites et cinématographiques. Si la créature de Frankenstein voit le jour en 1819, bien avant l'identification des hommes de Neandertal, le mirage du monstre humain se réfugiant dans le froid n'attend plus que les hommes préhistoriques pour prendre corps. De grands auteurs de science-fiction comme H. G. Wells, Isaac Asimov, Philip K. Dick font intervenir des Néandertaliens. Ces derniers apparaissent dans *Les Mangeurs de morts* (*Le Royaume de Rothgar*) de Michael Crichton (1976), adapté au cinéma sous le titre *Le Treizième Guerrier*, bien qu'ils ne soient jamais nommés : les cannibales y vénèrent des amulettes qui rappellent les Vénus du Gravettien, une culture attribuée aux *Homo sapiens* et contemporaine des derniers Néandertaliens. À se demander si ce ne sont pas les Cro-Magnon qui ont mangé les derniers Néandertaliens… On n'est pas loin des Sauvageons qui vivent de l'autre côté du mur de Glace dans *Games of Thrones*. Au gré des romans, des films et des séries télévisées, les derniers Néandertaliens se retrouvent en Afghanistan, dans une vallée chaude de l'Antarctique, en Sicile, au Pays basque et, bien sûr, près du cercle arctique, au nord de la Norvège ou de la Suède. Nous voici en Laponie, le pays du Père Noël qui a une morphologie toute néandertalienne… Alors, Neandertal y es-tu ? On peut toujours y croire !

Notes bibliographiques

INTRODUCTION

Comment peut-on être *sapiens* ?

1. F. Fukuyama, *La Fin de l'histoire et le Dernier Homme*, Flammarion, 1992.
2. E. M. Conway et N. Oreskes, *L'Effondrement de la civilisation occidentale*, Les liens qui libèrent, 2014.
3. Tzvetan Todorov, *La Conquête de l'Amérique. La question de l'autre*, Seuil, 1982.
4. E. P. Fridman et R. R. Nadler, *Medical Primatology : History, Biological Foundation and Application*, CRC Press, 2002. P.-O. Methot, « Darwin et la médecine : intérêt et limites des explications évolutionnaires en médecine », *in* T. Heams et coll. (éd.), *Les Mondes darwiniens*, Syllepse, 2009.
5. Sur ce sujet, voir Erik Brynjolfsson et Andrew McAfee, *The Second Machine Age*, MIT Press 2014 ; J.-M. Besnier, *Demain les posthumains. Le futur a-t-il encore besoin de nous ?*, Hachette, 2009. O. Dyens, *La Condition inhumaine. Essai sur l'effroi technologique*, Flammarion, 2008 ; G. Ferone et J.-D. Vincent, *Bienvenue en Transhumanie. Sur l'homme de demain*, Grasset et Fasquelle, 2011. G. Babinet, *L'Ère numérique, un nouvel âge de l'humanité. Cinq mutations qui vont bouleverser notre vie*, Le Passeur, 2014.

PREMIÈRE PARTIE

Adresse à Homo sapiens
de Madame Mezmaiskaya d'Adyguée,
Représentante de la Russie

1. *Cf.* V. Barriel et A.-M. Tillier, « L'enfant de Mezmaiskaya (Caucase) examiné dans une double perspective paléogénétique et paléoanthropologique », *Bull. mém. Soc. anthropol. Paris*, 2002, 14 (1-2).
2. W. Davis, « Paleoanthropology : The time of the last Neanderthals », *Nature*, 2012, 512 (7514), p. 260-261. T. Higham et coll., « The timing and the spatiotemporal patterning of Neanderthal disappearance », *Nature*, 2014, 512 (7514), p. 306-309.
3. *Der Spiegel*, 18 janvier 2013.
4. J. Jaubert, *Chasseurs et artisans du Moustérien*, Éditions de la Maison des Roches, 2003. D. Baffier, *Les Derniers Néandertaliens. Le Châtelperronien*, Éditions de la Maison des Roches, 2001. B. Vandermeersch et B. Maureille (éd.), *Les Néandertaliens. Biologie et cultures*, CTHS Publications préhistoriques, 2007.
5. S. Yasmina et coll., « Regeneration of a whole fertile plant from 30,000-years-old fruit tissue burried in Siberian permafrost », *PNAS*, 2012, 109 (110), p. 4008-4013.
6. M. Legendre et coll., « Thirty-thousand-years-old distant relative of giant icosahedral DNA viruses with a pandoravirus morphology », *PNAS*, 2014, 111 (11), p. 4274-4279.
7. M. V. Sablin et G. A. Khlopachev, « The earliest Ice Age dog : Evidence from Eliseevichi I », *Curr. Anthropol.*, 2002, 43 (5), p. 795-799. N. D. Ovodov et coll., « A 33,000-years-old incipient dog from the Altaï Mountains of Siberia : Evidence of the earliest domestication disrupted by the last glacial maximum », *PLOS One*, 2011, 6 (7), e22821.
8. J. Dickinson et coll., « Qui était Ötzi, l'homme des glaces ? », *Pour la Science*, dossier janvier-mars 2006, n° 50.
9. M. Serres, *Petite Poucette*, Le Pommier 2012.
10. « 10 "Avertissements-client" absurdes », *Challenges*, 20 septembre 2013 : http://www.challenges.fr/galeries-photos/entreprise/20130919.CHA4549/les-10-avertissements-aux-consommateurs-les-plus-stupides.html 20-10-2013.
11. Wikipédia, « Tolstoï pédagogue », http://fr.wikipedia.org/wiki/Tolsto%C3%AF_p%C3%A9dagogue.
12. *Cf.* P. Picq, *Lucy et l'obscurantisme*, Odile Jacob, 2007.

13. A. Massot, *Condorcet, le fondateur des systèmes scolaires modernes*, UQCA, « Les classiques des sciences sociales », 2002, www.classiques.uqac.ca.
14. *Cf.* M. Godelier, *La Production des grands hommes*, Fayard, 1996.
15. *Le Monde*, 2 juillet 2014.
16. S. Dehaene, *Les Neurones de la lecture*, Odile Jacob, 2007.
17. P. Bourdieu et J.-C. Passeron, *Les Héritiers. Les étudiants et la culture*, Éditions de Minuit, 1964
18. *Cf.* P. Picq, *Il était une fois la paléoanthropologie. Quelques millions d'années et trente ans plus tard*, Odile Jacob, 2010.
19. *Ibid.*
20. P. Sloterdjik, *Règles pour le parc humain suivi de la Domestication de l'Être*, Fayard/Mille et Une Nuits, 2010.
21. *Cf.* P. Picq, *Au commencement était l'homme. De Toumaï à Cro-Magnon*, Odile Jacob, 2003.
22. *Cf.* P. Picq, *Le monde a-t-il été créé en sept jours ?*, Perrin, 2009.
23. J. von Uexküll, *Milieu animal et milieu humain*, Rivages, 2010. G. Simondon, *Deux leçons sur l'animal et l'homme*, Ellipses, 2004.
24. P. Picq, *Nouvelle histoire de l'homme*, Perrin, « Tempus », 2005.
25. *Ibid.*
26. J.-M. Schaeffer, *La Fin de l'exception humaine*, Gallimard, 2007.
27. *Cf.* M. Serres, *Écrivains, savants et philosophes font leur tour du monde*, Le Pommier, 2009.
28. *Cf.* P. Descola, *Par-delà nature et culture*, Gallimard, 2005. P. Picq *Le monde a-t-il été créé en sept jours?*, *op. cit.*
29. *Cf.* J. d'Huy, « La généalogie des mythes », *Pour la Science*, août 2014, n° 442.
30. E. Morin, *Le Paradigme perdu. La nature humaine*, Seuil, 1973.
31. *Cf.* P. Picq *Nouvelle histoire de l'homme*, *op. cit.*
32. OCDE, Classement PISA 2013. La France glisse dans les classements se retrouvant à la 21e place pour la maîtrise de l'écrit et à la 23e pour les sciences.
33. *Cf.* Pascal Picq, *De Darwin à Lévi-Strauss*, *op. cit.*
34. P. Picq, « Pour une nouvelle pédagogie des sciences de la vie et de la Terre », *Le Monde*, 20 décembre 2009.
35. M. Serres et B. Stiegler, « Crise de l'éducation et révolution numérique », *Philosophie Magazine*, 23 août 2012. E. Davidenkoff, *Le Tsunami numérique*, Stock, 2014.
36. « Éduquer au XXe siècle », *Lemonde.fr*, 5 mars 2011. E. Morin, *Les 7 Savoirs nécessaires pour une éducation du futur*, Unesco, 1999.
37. *Cf.* P. Picq, *Lucy et l'obscurantisme*, *op. cit.*
38. P. Picq, *Nouvelle histoire de l'homme*, *op. cit.*

39. *Cf.* « Avortement le retour des réacs », *Courrier international*, 6 mars 2014, n° 1218.
40. *Cf.* M. Godelier, *Les Métamorphoses de la parenté*, Fayard, 2004.
41. *Cf.* I. Théry, A.-M. Leroyer, *Filiation, origines, parentalité. Le droit face aux nouvelles valeurs de responsabilité générationnelle*, Odile Jacob, 2014.
42. *Cf.* M. Godelier, *Les Métamorphoses de la parenté*, *op. cit.*
43. *Cf.* I. Théry, A.-M. Leroyer, *Filiation, origines et parentalité*, *op. cit.*
44. *Cf.* M. Godelier *Les Métamorphoses de la parenté*, *op. cit.*
45. H. Atlan, *L'Utérus artificiel*, Seuil, 2005. J. Testart, *Faire des enfants demain*, Seuil, 2014.
46. *Courrier international*, 17 juillet 2014, n° 1237.
47. *Cf.* « Le monde selon Poutine », *Courrier international*, 16 avril 2014, n° 1224.
48. P. Hunemann et E. Marchery, « Introduction à la psychologie évolutionniste », *in* T. Heams et coll. (éd.), *Les Mondes darwiniens*, *op. cit.*
49. *Cf.* E. Badinter, *XY. De l'identité masculine*, Odile Jacob, 1992.
50. *Cf.* P. Picq, *De Darwin à Lévi-Strauss*, *op. cit.*
51. *Cf.* P. Picq, *L'homme est-il un grand singe politique ?*, Odile Jacob, 2013.
52. *Ibid.*
53. *Ibid.*
54. E. O. Wilson, *La Conquête sociale de la Terre*, Flammarion, 2013.
55. *Cf.* P. Picq, *Nouvelle histoire de l'homme*, *op. cit.*
56. *Ibid.*
57. *Cf.* P. Picq, *Lucy et l'obscurantisme*, *op. cit.*
58. D. Bourg et A. Fragnière, *La Pensée écologique. Une anthologie*, PUF, 2014.
59. *Cf.* P. Picq, *De Darwin à Lévi-Strauss*, *op. cit.*
60. E. Huerta-Sanchez et coll., « Altitude adaptation in Tibetans caused by introgression of Denisovan-like DNA », *Nature*, 2014, 512, p. 194-197.
61. *Cf.* J. d'Huy, « La généalogie des mythes », art. cit.
62. *Cf.* J. Diamond, *Effondrement. Comment les sociétés décident de leur disparition ou de leur survie*, Gallimard, 2006
63. R. Girard, *Le Bouc émissaire*, Grasset, 1982.
64. C. Rosset, *Le Réel et son double. Essai sur l'illusion*, Gallimard, 1976
65. R. Girard, *La Violence et le Sacré*, Grasset, 1972.
66. P. Picq, *Nouvelle historie de l'homme*, *op. cit.*
67. E. M. Conway et N. Oreskes, *L'Effondrement de la civilisation occidentale*, *op. cit.*
68. *Cf.* P. Picq, « Annexe », *in De Darwin à Lévi-Strauss*, *op. cit.*
69. K. Wong, « The most fascinating Human evolution discoveries of 2013 », blog sur scientificamerican.com, 1er janvier 2014.

70. « À la découverte d'*Homo microbicus* », *La Lettre de l'Académie des sciences*, automne-hiver 2013, n° 32. *Pour la Science*, janvier 2015, n° 447.
71. *Cf.* P. Picq, *De Darwin à Lévi-Strauss*, *op. cit.*
72. « Liberté, égalité et immortalité. Le monde que vous prépare la Silicon Valley », *Philosophie Magazine*, 25 septembre 2014, n° 83.
73. *Cf.* M. Serres, *Hominescence*, Le Pommier, 2001 et M. Serres, *Petite Poucette*, *op. cit.*
74. P. Picq, *De Darwin à Lévy-Strauss*, *op. cit.*
75. P. Picq, « Les dessous de l'hominisation », *in* T. Heams et coll. (éd.), *Les Mondes darwiniens*, *op. cit.*
76. P. Picq, « La comète Europe et le voyage de Philéas Fogg », *Sud-Ouest*, 15 novembre 2014.
77. E. Morin, *Pour une politique de civilisation*, Arléa, 2002. E. Morin, *La Voie. Pour l'avenir de l'humanité*, Fayard, 2011.
78. « L'odyssée humaine », *Pour la Science*, novembre 2014, n° 445.
79. J.-P. Dupuy, *Pour un catastrophisme éclairé. Quand l'impossible est certain*, Seuil, 2004.
80. P. Picq, « Enlevée par un taureau, Europe est à trouver », *Sud-Ouest*, 17 mai 2014.

DEUXIÈME PARTIE

À l'est d'*Homo*

1. *Cf.* P. Picq, *Au commencement était l'homme, op. cit.*
2. *Cf.* P. Picq, *Danser avec l'évolution*, Le Pommier, 2007.

CHAPITRE 1

Glasnost sur la préhistoire russe

1. *Cf.* A. Seguin-Orlando et coll., « Genomic structure in Europeans dating back at least 36,200-years », *Science*, 2014, 346 (6213), p. 1113-1118.
2. *Cf.* « Russie, carrefour de l'*Homo sapiens* », *Dossiers d'Archéologie*, février 2002, *n°* 270.
3. *Cf.* S. Nalawade-Chavan et coll., « New hydroxyproline radiocarbon dates from Sungir, Russia. Confirm early Mid Upper Paleolithic burials in Eurasia », *PLOS One*, 2014, 9 (1).

4. *Cf.* S. J. Gould, *La Mal-Mesure de l'homme*, Odile Jacob, 1997. Voir aussi le film *Gorky Park* de Michael Apted de 1983 (qui, pour la petite histoire, réalise *Gorilles dans la brume* peu d'années après).
5. *Cf.* E. Daynès *in* P. Picq et coll. (dir. scientifique), E. Azoulay (dir.), *100 000 ans de beauté*, Gallimard, 2009.
6. *Cf.* P. Picq, *Il était une fois la paléoanthropologie*, *op. cit.*
7. *Cf.* A. Seguin-Orlando, « Genomic structure in Europeans dating back at least 36,200-years », art. cit.
8. *Cf.* P. Picq et coll., *100 000 ans de beauté*, *op. cit.*
9. *Cf.* E. Doronicheva et coll., « La grotte Mezmaiskaya (Caucase du Nord) : exemple de l'utilisation des matières premières lithiques au paléolithique moyen et supérieur », *L'Anthropologie*, 2012, 116 (3).
10. *Cf.* D. Lordkipanidze et coll., « A complete skull from Dmanisi, Georgia, and the evolutionnary biology of early *Homo* », *Science*, 2013, 342 (6156), p. 326-331.
11. *Cf.* S. Condemi, « Neandertal, *Sapiens* et Denisova racontés par leurs gènes », *Pour la Science*, septembre 2012, n° 76.
12. *Cf.* S. Pääbo et coll., « A mitochondrial genome sequence of a hominin from Sima de los Huesos », *Nature*, 2013, 505 (7483), p. 403-406.
13. *Cf.* E. Huerta-Sanchez, « Altitude adaptation in Tibetans caused by introgression of Denisovan-like DNA », art. cit.
14. *Cf.* L. Slimak et coll., « Late Mousterian persistence near the Arctic Circle », *Science*, 2011, 332 (6031), p. 841-845.
15. *Cf.* P. Picq, « La mer est le propre d'*Homo sapiens* », colloque Océanides *L'Influence de la mer dans l'histoire*, Paris, 11 décembre 2011 (actes du colloque à paraître).
16. S. Prat et coll., « The oldest anatomically modern humans from Far Southeast Europe : Direct dating, culture and behavior », *PLOS One*, 17 juin 2011.

CHAPITRE 2

Le Neandertal Genome Project

1. *Cf.* P. Picq, *Il était une fois la paléoanthropologie*, *op. cit.*
2. *Cf.* E. Huerta-Sanchez, « Altitude adaptation in Tibetans caused by introgression of Denisovan-like DNA », art. cit. A. Seguin-Orlando, « Genomic structure in Europeans dating back at least 36,200-years », art. cit.
3. I. Lazaridis et coll., « Ancient human genomes suggest three ancestral populations for present-day Europeans », *Nature*, 2014, 513 (7518), p. 409-413.

CHAPITRE 3

Des Vénus aux guerrières d'Adyguée

1. *Cf.* P. Picq, *Nouvelle historie de l'homme, op. cit.*
2. *Cf.* P. Picq et coll., *100 000 ans de beauté, op. cit.*
3. *Cf.* C. Cohen, *La Femme des origines. Images de la femme dans la préhistoire occidentale*, Herscher, 2003. P. Picq et coll., *100 000 de beauté, op. cit.*
4. *Cf.* F. Héritier, *Masculin/Féminin I. La pensée de la différence*, Odile Jacob, 1996. F. Héritier, *Masculin/Féminin II. Dissoudre la hiérarchie*, Odile Jacob, 2002. F. Héritier, *Hommes, femmes : la construction de la différence*, Le Pommier/Universcience, 2010.
5. *Cf.* M. Godelier *La Fabrication des grands hommes, op. cit.*
6. *Cf.* P. Picq, « L'éternel féminin en paléoanthropologie et préhistoire », *in* C. Vidal (éd.), *Féminin/masculin. Mythes et idéologies*, Belin 2006. P. Picq *Nouvelle histoire de l'homme, op. cit.*
7. *Cf.* P. Picq, *L'homme est-il un grand singe politique ?, op. cit.*

CHAPITRE 4

Darwin en Russie

1. *Cf.* P. Picq, « Préface », *in* C. Darwin, *Essai sur l'instinct*, L'Esprit du temps, 2009.
2. *Cf.* P. Picq, « Darwin, Freud et l'évolution », *SPS*, 2010, n° 293.
3. S. J. Gould, *La Foire aux dinosaures. Réflexions sur l'histoire naturelle*, Seuil, 1993.
4. *Cf.* J. A. Rogers, « Charles Darwin and the Russian scientists », *Russian Review*, 1960, 19. J. A. Rogers, « The reception of Darwin's *Origin of Species* by Russian scientists », *Isis*, 1973, 64 (224), p. 484-503.
5. *Cf.* A. Vucinich, *Darwin in the Russian Thought*, University of California Press, 1989. D. P. Todes, *Darwin without Malthus : The Struggle for Existence in Russian Evolutionary Thought*, Oxford University Press 1989. T. F. Glick, *The Comparative Reception of Darwinism*, University of Chicago Press, 1988.
6. Christian H. Pander, Alexandre Keyserlink et Carl E. von Baer…
7. Pour la plupart des scientifiques cités dans ce chapitre, se référer à P. Tort, *Dictionnaire du darwinisme et de l'évolution*, PUF, 1996.
8. H. McLean, *In Quest of Tolstoy*, Academic Studies Press, 2008.
9. *Ibid.*
10. *Cf.* P. Picq, *Un paléoanthropologue dans l'entreprise. S'adapter et innover pour survivre*, Eyrolles, 2011.

11. Mouvement MAUSS ; *cf.* Y. Verdo, « P. Picq : Il faut accorder plus de place à la collaboration et au partage », entretien, *Les Échos*, 17 octobre 2012
12. *Cf.* P. Picq, *L'homme est-il un grand singe politique ?*, *op. cit.*
13. *Cf.* A. Vucinich, *Darwin in the Russian Thought*, *op. cit.*
14. *Cf.* D. W. Huestis, « The life and death of Alexander Bogdanov, physician », *J. Med. biogr.*, 1996, 4 (3), p. 141-147.
15. *Cf.*, F. B. de Waal, « A century of getting to know the chimpanzee », *Nature*, 2005, 437, p. 56-59. N. Ladygina-Kohts, *Infant Chimpanzee and Human Child*, Oxford University Press, 2002.
16. *Cf. Le Ventre, notre deuxième cerveau*, documentaire de C. Denjean, Arte, 2013.
17. *Cf. La Lettre du Collège de France*, 2002, n° 5.
18. *Cf.* Jean Réal, *Voronoff*, Stock, 2001.
19. *Cf.* E. P. Fridman et R. D. Nadler, *Medical Primatology : History, Biological Foundation and Application*, *op. cit.*
20. *Cf.* P. Picq, *Lucy et l'obscurantisme*, *op. cit.*

CHAPITRE 5

Neandertal, les Aryens et les Almas

1. S. G. Gould, *La Mal-Mesure de l'homme*, *op. cit.* E. Trinkaus, P. Shipman, *Les Hommes de Neandertal*, Seuil, 1998. I. Tattersall, *L'Émergence de l'homme. Essais sur l'évolution et l'unicité humaine*, Gallimard, 1999. P. Picq, *Nouvelle histoire de l'homme*, *op. cit.*
2. *Cf.* collection « Histoire de la France préhistorique », dirigée par Jean Clottes aux Éditions de la Maison des Roches.
3. C. Darwin, *La Filiation de l'homme et la sélection liée au sexe*, 1871
4. *Cf.* P. Picq, « Darwin, Freud et l'évolution », art. cit.
5. *Cf.* M. Otte, « On the suggested bone flute from Slovenia », *Curr. Anthropol.*, 2000, 41 (2), p. 271-272.
6. *Cf.* M. Soressi et coll., « Neandertals made the first specialized bone tools in Europe », *PNAS*, 2013, 110 (35), p. 14186-14190.
7. *Cf.* P. Picq, *De Darwin à Lévi-Strauss*, *op. cit.*
8. *Cf.* P. Picq, « Gorilla mon amour », conférence pour l'exposition *Gorilles*, palais de la Découverte, 23 mai-26 novembre 2006.
9. *Cf.* P. Picq, *Nouvelle histoire de l'homme*, *op. cit.*
10. *Cf.* I. Bourtsev, « A skeleton still buried and a skull unearther : The story of Zana », http://www.bigfootencounters.com/articles/zana.htm.
11. *Cf. Yéti, y es-tu ?*, documentaire de C. Kilian, Arte France/Scientifilms, 2013, diffusé le 5 septembre 2014.

Remerciements

Ce livre fait suite à une conférence donnée à la Sorbonne pour clore l'année scientifique le 24 février 2014 et je suis reconnaissant à Cécile Andrier d'avoir proposé cet exercice aux organisateurs (Paris-I-Sorbonne et France Culture), que je remercie. Comme toujours, Odile Jacob a été sensible à cette idée originale d'une nouvelle paléoanthropologique interpellant notre présent et qui honore notre complicité éditoriale ; avec toute ma gratitude et en espérant que nous arriverons, de livre en livre, à éliminer la trop grande et si habituelle ingratitude envers nos ancêtres préhistoriques. Je remercie Gaëlle Jullien qui s'est frottée à un exercice éditorial inhabituel, et très critique, qui fait la qualité de ce livre.

Table

DEUXIÈME PARTIE

À l'est d'*Homo*

DU MÊME AUTEUR

Chez Odile Jacob :

De Darwin à Lévi-Strauss. L'homme et la diversité en danger, 2013.
L'homme est-il un grand singe politique ?, 2011.
Il était une fois la paléoanthropologie, 2010.
Le Sexe, l'Homme et l'Évolution (avec Philippe Brenot), 2009.
Lucy et l'obscurantisme, 2007.
Les Grands Singes (avec Dominique Lestel, Vinciane Despret et Chris Herzfeld), 2005.
Les Tigres (avec François Savigny), 2004.
Au commencement était l'homme, 2003.

Chez d'autres éditeurs :

Un paléoanthropologue dans l'entreprise, Eyrolles, 2011.
Les Origines de l'homme expliquées à nos petits-enfants, Seuil, 2010.
Le monde a-t-il été créé en sept jours ?, Perrin, 2009.
100 000 ans de beauté, dir. du volume 1, *Préhistoire/Fondations*, Gallimard, 2009.
Darwin et l'évolution expliqués à nos petits-enfants, Seuil, 2009.
La Plus Belle Histoire du langage (en coll.), Seuil, 2008.
Les Animaux amoureux, Le Chêne, 2007.
Danser l'évolution (avec Michel Hallet-Eghayan), Le Pommier, 2007.
Nouvelle Histoire de l'homme, Perrin, 2005 (grand prix Moron de philosophie et d'éthique de l'Académie française, 2006).
Les Premiers Outils et les origines de la culture (avec Hélène Roche), Le Pommier, 2004.
Qu'est-ce que l'humain ? (avec Michel Serres et Jean-Didier Vincent), Le Pommier, 2003.
Aux origines de l'humanité (avec Yves Coppens, sous la dir.), Fayard, 2001.

Cet ouvrage a été composé
en Adobe Garamond Pro
par Nord Compo
à Villeneuve-d'Ascq (Nord).

Cet ouvrage a été imprimé
en janvier 2015 par

FIRMIN-DIDOT
27650 Mesnil-sur-l'Estrée

N° d'édition : 7381-3222-X – N° d'impression : 126334
Dépôt légal : janvier 2015

Imprimé en France